먹고 마시고 요리하라

강재호 글 · 이혜원 그림

요리하라

음식으로
배우는
통합 사회

나무를 심는 사람들

들어가며

오늘도 아들은 저를 '먹보'라고 놀립니다. 아침을 먹자마자 "점심은 뭘 먹을까?"라고 되뇌는 아빠가 신기한가 봅니다. 길을 걷다가도 식당을 지날 때면 "저거 맛있겠다!"라는 말이 저도 모르게 슬며시 나옵니다. 그때마다 아들은 "아빠! 또 시작이야!"라며 함박웃음을 짓습니다. 아내도 부드럽게 미소 지으며 "아빠는 어쩔 수 없어! 아빠는 그게 행복이야!"라고 말합니다. 음식에 대한 탐닉은 제가 갖고 있는 어쩔 수 없는 병(病)인가 봅니다.

음식을 생각하는 순간은 참으로 행복합니다. 먹보라고 놀려도 어쩔 수 없습니다. 어떤 음식이라도 입 안으로 들어오는 순간 마법처럼 그 맛에 빠져들어 버립니다. 알싸한 삭힌 홍어는 물론이고 비릿한 과메기도 저에게는 맛난 음식이기만 합니다. 아내는 이런 저와 외국 여행을 하는 것을 좋아합니다. 외국의 독특한 음식을 주저하지 않고 맛있게 먹기 때문이죠. 아내는 외국의 신기한 음식들을 접하는 게 재미있다고 합니다.

그런데 갑자기 궁금해집니다. '나는 왜 이렇게 음식에 빠져

4

들었을까?' 가장 먼저 떠오른 기억은 IMF입니다. 우리나라가 힘들 때 저도 참 힘들었습니다. 한 끼 식사로 천 원 이상을 쓰기가 어려웠죠. 고시원 방 한쪽에서 컵라면 하나로 끼니를 때우던 그때… 식당 앞에서 주머니의 돈을 세어 보며 먹고 싶지만 주저했던 그때… 머릿속으로 그 음식의 맛을 상상하기 시작했습니다. '저 음식은 어떤 맛일까? 돈을 벌면 꼭 사 먹어야지' 하는 생각이 머릿속을 지배하기 시작했죠.

다행히 끝나지 않을 것 같던 우리나라의 어려움은 국민들의 노력으로 금세 극복되었습니다. 그리고 저도 다시 일어섰습니다. 그때부터 맛난 음식을 찾는 음식 여행이 시작되었습니다. 처음에는 동네 맛집부터 시작했죠. 동네를 섭렵한 이후에는 더 멀리까지 가고 싶은 욕구가 슬금슬금 생겨났습니다. 짜장면 하나를 먹으려고 학교 일과가 끝나자마자 서울에서 인천까지 자동차를 몰고 간 나날들…. 그리고 혼자 외롭게 떠나던 그 여행에 동반자가 생겼습니다. 사랑스러운 아내는 음식 탐방에 소중한 동반자가 되

어 주었습니다.

음식의 맛은 물론 그와 관련된 지리, 역사, 문화 등을 아내에게 주저리주저리 이야기하기 시작했습니다. 아내는 남편의 이런 자랑질마저도 참으로 잘 이해해 주었습니다. 그리고 그녀에게서 태어난 저의 가장 큰 행복… 아들마저도 엄마를 참으로 쏙 닮았습니다. 아들은 우리나라 음식은 물론 세계의 여러 음식 이야기까지도 참으로 잘 들어 줍니다. 얼마 전 베트남에 갔을 때는 아빠의 이야기가 기억이 났는지, "꼭! 쌀국수를 먹어야 돼!"라며 쌀국수를 시킵니다. 영국에 갔을 때는 "애프터눈 티를 꼭 먹어야 돼!"라며 수없이 말합니다. 세계의 다양한 음식 이야기가 아들에게 세계 여행의 또 다른 즐거움을 준 것 같습니다.

이제 아내와 아들과 나눴던 이런 즐거운 이야기를 여러분과 나누고자 합니다. 세계의 지리, 역사, 문화를 녹여 한 권의 책으로 만들어 냈습니다. 『먹고 마시고 요리하라』에서는 세계 여러 나라의 다양한 밥에 대한 소개뿐만 아니라 간단한 조리법을 담아냈습니다. 세계 여러 곳의 음식을 집에서 만들어 보세요. 그리고 그 음식 이야기에 풍덩 빠져 보세요. 인생의 작은 행복이 펼쳐질 겁니다.

책을 내기까지 많은 분들이 힘을 주셨습니다. 저의 음식 이야기에 많은 조언을 해 주신 혜원여자고등학교의 여러 선생님과 출판의 기회를 주신 '나무를 심는 사람들' 관계자님께 감사를 드립니다. 항상 응원해 주신 아버지, 어머니, 그리고 누님들은 언제나 저에게 큰 힘이 되었습니다. 마지막으로 내 인생 최고의 선물… 상희와 율에게 무한한 사랑과 더불어 감사를 보냅니다.

차례

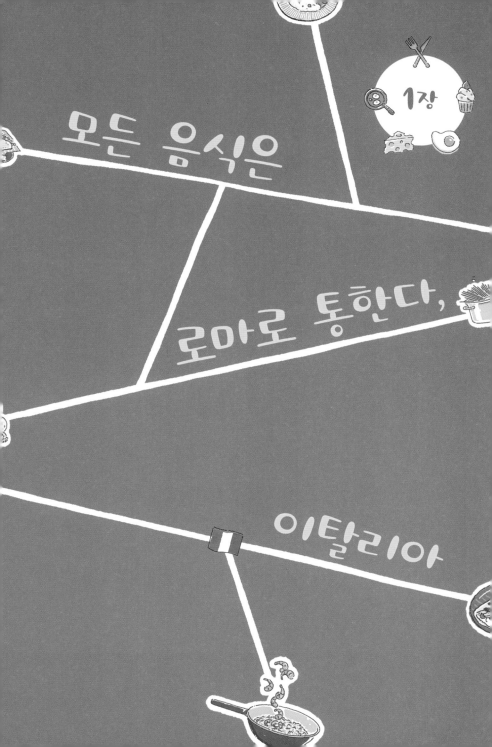

로마 제국의 부를 키워 준 올리브와 포도

 이탈리아에는 '모든 길은 로마로 통한다'는 속 담이 있답니다. 이 속담은 로마 제국 시대에 모든 길이 로마에서 뻗어 나갔음을 상징적으로 표현한 말이죠. 과거 로마 제국은 정 복하는 지역마다 도로를 만들었는데 그 길이가 어마어마하답니 다. 총 길이가 약 40만 킬로미터로, 지구 둘레를 열 바퀴나 돌 수 있을 정도이죠. 로마는 이렇게 거대한 도로망을 통해 세계 여러 지역에 엄청난 영향력을 끼쳤어요. 가까운 주변 지역은 물론이고 바다 건너 영국, 북아프리카 등에 이르기까지 로마의 영향력은 도로를 통해 신속하게 전파되었죠. 법, 경제, 문화 등 로마의 모든 것들이 도로를 통해 전해졌고 여러 지역의 다양한 물품들이 로 마 제국의 중심지인 이탈리아반도로 들어왔답니다. 음식도 마찬 가지였어요. 이탈리아의 음식 문화가 세계 여러 지역으로 퍼진 것은 물론 세계의 여러 음식 문화가 이탈리아반도로 들어와 재창조 되었죠. 그야말로 '모든 음식은 로마로 통한다'라고 말할 수 있을 정도였어요.

로마 제국의 중심지였던 이탈리아반도의 식재료 중 가장 널리 알려진 것은 포도와 올리브랍니다. 로마 제국 시대에 로마인들은 이탈리아반도에 포도와 올리브나무를 엄청 많이 심었어요. 그런데 왜 로마인들은 이탈리아에 포도와 올리브를 널리 심었을까요? 그 비밀은 기후에 적응한 식물의 특성과 로마 제국의 번성에 있어요.

우선 이탈리아반도에서는 지중해성 기후가 비교적 넓게

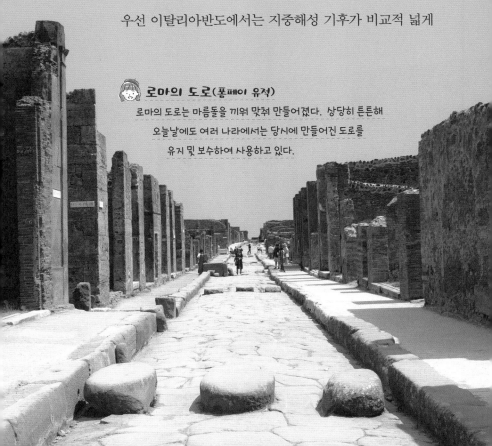

로마의 도로 (폼페이 유적)
로마의 도로는 마름돌을 끼워 맞춰 만들어졌다. 상당히 튼튼해 오늘날에도 여러 나라에서는 당시에 만들어진 도로를 유지 및 보수하여 사용하고 있다.

나타난답니다. 지중해성 기후는 여름철에는 기온이 높고 건조한 반면 겨울철에는 비교적 따뜻해요. 여름철에 비가 거의 내리지 않고 화창한 날씨가 이어진다면 어떨까요? 사람들은 즐거운 마음으로 찬란한 햇빛 아래에서 즐거운 시간을 보낼 수 있을 거예요. 특히 여름철에 구름이 많이 끼고 비교적 습한 서부 및 북부 유럽에 사는 사람들에게 지중해의 맑은 날씨는 그야말로 부러움 그 자체이죠. 이 때문에 서부 및 북부 유럽에 거주하는 사람들이 여름철 휴가 때 지중해 지역으로 여행을 오는 경우가 많답니다.

 트레비 분수

여름철에 기온이 높고 건조한 지중해 일대에서는 분수를 설치한 지역이 많다. 분수의 시원한 물줄기는 쾌적한 환경을 제공한다.

모든 음식은 로마로 통한다, 이탈리아

작열하는 태양과 코발트색 바다를 품에 안은 지중해 일대는 그야말로 여름철 최고의 관광지랍니다.

그런데 사람들이 이렇게 좋아하는 지중해성 기후가 식물들에게는 마냥 좋지는 않아요. 일반적으로 식물들이 잘 자라려면 적당한 기온과 강수량이 필요하답니다. 하지만 여름철에 뜨겁기만 하고 비는 잘 내리지 않는 이런 기후에서는 다양한 식물들이 꽃을 피워 내기는 어려워요. 이 지역의 사람들은 오랜 시간 정착해 살면서 이런 기후에 잘 적응하는 식물을 키워 냈죠. 그중 가장 대표적인 것은 바로 밀과 같은 풀들이나 뿌리가 길게 뻗어 땅속의 조그만 수분이라도 끌어낼 수 있는 포도나 올리브나무들이었

올리브나무
올리브나무는 잎이 작지만 단단하고 두꺼워 여름철 고온 건조한 기후를 견뎌 내는 데 유리하다.

답니다. 이 때문에 지중해성 기후가 나타나는 이탈리아반도에서 사람들은 아주 오래전부터 밀 농사와 포도, 올리브 등의 수목 농업 등으로 생계를 유지해 나갔답니다.

둘째로 로마 제국의 번성도 이탈리아반도에 포도와 올리브의 재배가 크게 증가하는 데 영향을 주었답니다. 로마 제국이 번성하면서 로마의 식민지에서 다양한 식재료가 물밀 듯 들어왔죠. 그중 가장 대표적인 것은 사람들이 주식으로 삼았던 밀이었어요. 로마 제국의 여러 식민지 중에는 이집트가 있었는데 당시 이집트에서는 나일강의 물을 이용해 엄청나게 많은 밀을 재배했답니다. 로마 제국은 이집트에서 생산된 밀을 로마 제국의 심장부인 이탈리아로 가져왔죠.

이집트에서 이탈리아로 밀이 들어오면서 이탈리아의 밀 가격이 점차 낮아졌어요. 이 때문에 농민들은 밀 대신 다른 작물을 재배할 필요를 느꼈어요. 이때 그들이 선택한 작물이 바로 포도와 올리브였답니다. 포도와 올리브는 가공해서 포도주와 올리브기름으로 만들 수 있는데 이렇게 하면 그 가격이 10배 이상으로 치솟는답니다. 보관 기간도 늘어나기 때문에 포도와 올리브는 상당히 매력적인 작물이었죠. 이탈리아의 로마인들은 포도주와 올리브기름을 만들어 로마의 식민지에 비싼 가격으로 팔기 시작했답니다. 포도주와 올리브기름은 로마 제국에 부(富)를 안겨 준 효자 상품이 된 것이죠.

올리브기름 오늘날 이탈리아에서 올리브기름은 여러 음식에 널리
사용되고 있다. 샐러드에 뿌려 먹는 것은 물론이고 빵을 올리브기름에 적셔 먹기까지 한다.

고대 로마 제국에서 널리 퍼졌던 포도와 올리브는 중세 시대에도 이탈리아 사람들에게 큰 사랑을 받았어요. 중세 시대에 널리 퍼진 크리스트교에서는 포도주와 올리브기름을 신성하게 여겼답니다. 포도주는 예수의 피를 상징하기 때문에 크리스트교의 성스러운 의식에서 빠지지 않고 등장했고, 신성한 기름인 올리브기름도 종교 의식에 종종 사용되었죠. 고대와 중세를 거쳐 수천 년을 이어 온 이탈리아의 포도주와 올리브기름 문화는 시대를 거치며 더욱 발전해 오늘날까지 이어지고 있답니다. 오늘날 이탈리아를 여행할 때 가장 눈에 많이 띄는 병이 '포도주병'과 '올리브기름병'인데 그 배경에는 이런 이유가 있겠죠.

돌돌 말아 먹는 파스타와 갓 구운 피자

이탈리아 음식을 생각할 때 가장 많이 떠올리는 것은 아마도 파스타와 피자일 거예요. 포크에 돌돌 말아 먹는 파스타와 갓 구운 향긋한 내음이 가득한 피자는 생각만 해도 군침이 돌죠. 이탈리아를 상징하는 이 두 음식은 공통점이 참 많답니다. 가장 큰 공통점은 아무래도 밀가루 반죽을 이용한다는 것이겠죠. 밀가루 반죽을 조리하는 방식의 차이만 있을 뿐이에요. 그

밀가루 반죽
밀가루 반죽을 적당히 잘라 삶아 낸 후 요리하면 파스타가 되고 밀가루 반죽에
토핑을 얹은 후 화덕이나 오븐에서 구워 내면
피자가 된다.

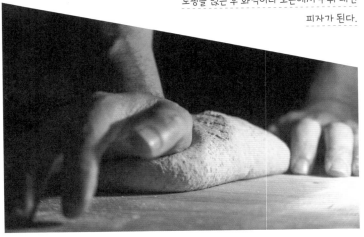

모든 음식은 로마로 통한다, 이탈리아

다음으로 이 두 음식은 다른 지역과 교역을 하면서 더욱 발전했다는 공통점이 있어요. 그리고 세계 여러 나라로 퍼져 나갔다는 점도 상당히 비슷하죠. 이탈리아에서 시작해서 세계인의 사랑을 받고 있는 파스타와 피자, 이 두 음식은 어떤 과정을 거쳐 이탈리아를 대표하게 되었을까요?

우선 파스타를 살펴보면, 파스타는 이탈리아의 국수 요리로 그 종류가 상당히 많답니다. 우리에게 널리 알려진 면발이 가늘고 긴 스파게티를 비롯해 넓고 납작한 모양의 라자냐, 나사 모양의 푸실리, 튜브 형태의 펜네, 우리나라의 수제비처럼 생긴 뇨키에 이르기까지 일반적으로 밀가루 반죽을 삶아 낸 후 요리하면 파스타라고 부르죠. 파스타는 형태만 다양한 것이 아니에요. 반죽을 만드는 방식에 따라 구분하기도 한답니다. 밀가루에 달걀과 물이나 올리브기름 등을 더한 반죽을 바로 요리하는 생파스타와 밀가루 반죽으로 모양을 내고 건조시킨 후 필요할 때마다 삶아 내 요리하는 건파스타가 그것이죠. 이외에도 길이에 따라 구분하기도 하고, 용도나 내용물에 따라 구분하기도 한답니다. 그야말로 이탈리아의 파스타는 그 종류가 무궁무진하고 이탈리아는 파스타 요리의 천국이라고 할 만하죠.

그런데 이렇게 다양하고 복잡한 파스타에도 일종의 법칙이 있답니다. 바로 남쪽으로 갈수록 건파스타를 주로 먹고 북쪽으로 갈수록 생파스타를 주로 먹는다는 점이에요. 이렇게 남부와 북부

의 파스타 종류가 다른 이유로 남북으로 길게 뻗은 이탈리아반도의 형태와 지역마다 달라지는 다양한 식재료를 생각해 볼 수 있어요. 남북으로 길게 뻗은 이탈리아는 남부와 북부의 기후가 상당히 다르답니다. 남부 지방으로 갈수록 고온 건조한 지중해성 기후의 영향을 많이 받아요. 예를 들어 시칠리아섬의 경우 7월 평균 강수량이 약 5밀리미터 정도에 불과하죠. 관개 시설을 갖추고 있지 않다면 이런 기후에서는 일반적인 밀은 자라기 어렵답니다.

하지만 시칠리아에서는 이런 기후를 견뎌 낼 수 있는 독특한 밀이 자라고 있었어요. 그것은 바로 듀럼밀로, 듀럼은 라틴어로 단단하다는 뜻을 담고 있어요. 단단한 듀럼밀은 건조한 기후를 잘 견디는데 연 강수량이 300~500밀리미터 정도만 돼도 자란답니다. 그런데 듀럼밀은 일반 밀보다 글루텐 함량이 많아 빵으로 만들면 질기고 딱딱해져요. 이 때문에 남부 지방 사람들은 새로운 방식으로 듀럼밀을 이용했답니다. 바로 파스타 면발을 만든 것이죠. 듀럼밀을 이용해 만든 면발은 삶아 내면 쫄깃한 식감을 냈어요. 여기에 덧붙여 남부 지방 사람들은 듀럼밀로 면발을 만들 때 빨리 건조되게 하기 위해 가늘고 길게 만들어 냈죠. 이런 과정에서 탄생한 음식이 바로 스파게티랍니다.

한편 북부 지방으로 갈수록 연 강수량이 많아져 보통 밀 재

 라자냐

얇고 평평하게 만든 라자냐 면을 여러 개 겹쳐 만든다. 오늘날 이탈리아에서는 상업적으로 판매하는 파스타는 듀럼밀을 사용해야 한다는 규정을 만들었다. 이 때문에 시중에 판매되는 라자냐는 대부분 듀럼밀로 만든 것이다.

배가 더 유리했어요. 이 때문에 북부 지방에서는 듀럼밀보다는 보통 밀을 사용하는 경우가 많았어요. 보통 밀을 사용한 면은 쫄깃한 식감보다는 부드러운 식감이 강하고 다른 부재료들과도 잘 어우러졌답니다. 특히 달걀과의 궁합이 좋았죠. 이 때문에 북부 지방 사람들은 밀가루 반죽을 할 때 달걀 노른자를 넣는답니다. 북부 지방에서 이런 시도가 가능했던 이유는 바로 북부에 알을 많이 낳는 닭이 있었고 경제적으로도 부유해 달걀을 넣는 요리가 발달했기 때문이랍니다. 하지만 달걀을 넣은 파스타는 오랫동안 보관하기 어려워 반죽 후 바로 요리해 먹어야 한답니다. 이 때문에 북부 지방에서는 파스타를 건조하지 않고 신선한 상태로 먹는 문화가 발달했죠. 이러한 전통은 오늘날에도 이어져 북부 지방의 가정에서는 어머니의 손맛으로 생파스타를 손꼽는 사람들이 많답니다.

다음으로 피자를 살펴볼까요? 피자는 그 기원이 확실치 않아요. 고대 그리스의 피타에서 시작되었다는 설이 있지만 그 당시 먹었던 음식은 오늘날의 피자와는 너무 다르답니다. 빵에 기름과 허브, 치즈를 얹어 낸 것으로 오늘날처럼 한 입을 베어 물면 치즈가 쭉 늘어나지도 않았고 새콤달콤한 토마토소스가 들어가지도 않았죠. 밀가루 반죽을 둥글고 납작한 형태로 만든 다음 그 위에 토마토소스, 모차렐라 치즈를 얹은 후 구워 낸 오늘날의 피자는 18~19세기에 만들어진 것으로 알려져 있답니다. 그 역사가

모든 음식은 로마로 통한다, 이탈리아

300년에 불과하죠.

　우리가 쉽게 떠올리는 피자의 역사가 짧은 이유는 바로 토마토에 있어요. 토마토의 원산지는 아메리카 대륙이랍니다. 아메리카 대륙의 발견 이후 토마토가 유럽 대륙으로 건너갔지만 처음부터 토마토가 널리 사용된 것은 아니에요. 토마토 열매에는 독이 있다고 여긴 것은 물론 땅 가까이서 자랐기 때문에 낮은 지위를 의미하는 식물이라고 여겼죠. 이 때문에 오랫동안 유럽에서는 토마토를 장식용으로만 이용했어요.

　이탈리아에서 토마토를 음식으로 여기기 시작한 것은 서민들이 토마토소스를 이용하면서부터랍니다. 나폴리의 가난한 농민들이 처음 토마토소스를 만들어 빵에 발라 먹기 시작했는데 독으로 고통을 겪기는커녕 오히려 맛있어서 서민들 사이에 널리 퍼졌던 것이죠. 이외에도 이탈리아 남부 지방에서는 물소의 젖을 이용해 만든 모차렐라 치즈가 있었는데, 빵과 토마토소스, 모차렐라 치즈는 서로 궁합이 맞았답니다. 천대받던 토마토와 지역의 식재료인 모차렐라 치즈를 곁들여 만든 피자는 가격이 저렴하면서도 맛까지 좋아 주머니가 얇은 서민들에게 한 끼 식사가 되기에 충분했죠.

　나폴리의 서민들에게 널리 퍼졌던 피자는 이후 나폴리 주변 지역으로 차츰 퍼져 나갔답니다. 토마토소스는 피자뿐만 아니라 다양한 요리에 사용되었어요. 그중 가장 대표적인 것이 스파게티

마르게리타 피자

마르게리타 피자는 이탈리아 남부 나폴리의 피자이다.

나폴리의 한 요리사가 마르게리타 왕비에게 바친 것으로 알려져 있다.

녹색(바질 잎), 하양(모차렐라 치즈), 빨강(토마토)으로

이탈리아의 국기를 연상시킨다.

였죠. 토마토소스를 버무린 스파게티는 맛이 좋아 사람들 사이에 널리 퍼졌답니다.

이처럼 피자와 파스타는 오늘날 이탈리아를 대표하는 음식이에요. 그런데 이 두 음식이 이탈리아를 대표하게 된 배경에는 교역 발달의 영향이 크답니다. 이탈리아에서는 보통 밀과 듀럼밀이 생산되었으나 그 양은 사실 그렇게 많지는 않아요. 그래서 고대 로마 시대부터 밀을 수입해 왔는데 그러한 전통은 오랫동안 지속되었고 오늘날에도 이어지고 있죠. 실제로 이탈리아는 2019년 현재 세계에서 4번째로 밀을 많이 수입하는 나라랍니다. 이탈리아는 밀 이외에도 다른 식재료의 도입에 적극적이었고 토마토를 비롯해 다양한 식재료를 자신들의 음식에 녹여 냈어요. 그리고 오늘날에도 이탈리아에서는 다양한 식재료를 이용한 새로운 음식들이 재탄생되고 있답니다.

돌돌 말아 먹는 토마토 스파게티

{재료} 스파게티 면, 양송이 버섯 3개, 양파 1/2개, 올리브기름, 시중에 판매하는 토마토소스, 얇게 썬 마늘, 베이컨

1. 양파, 버섯, 마늘, 베이컨을 잘라 준비해 주세요.

2. 끓는 물에 스파게티 면을 약 8분간 삶아 주세요.

Tip 소금 조금과 올리브기름을 1작은술 정도 넣어 주세요.

3. 삶은 스파게티 면을
   체에 밭쳐 물기를 빼 주세요.

4. 올리브기름을 두른 프라이팬에 마늘을 넣고
   살짝 노릇해질 때까지 볶아 주세요.

5. 양파, 버섯, 베이컨을 넣고
   볶아 주세요.

6. 토마토소스를 넣고 끓여 주세요.

7. 토마토소스가 끓으면
   스파게티 면을 넣고 섞어 주세요.

8. 접시에 스파게티 면을 담아 내면
   나만의 베이컨 토마토 스파게티 완성!

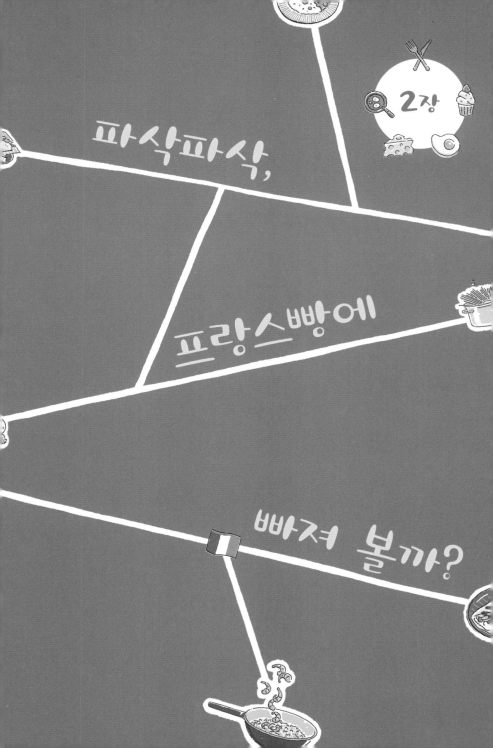

프랑스의 점심시간은 2시간

프랑스에서는 매년 3월 '구 드 프랑스(프랑스의 맛)'라는 음식 축제가 열려요. 이 행사에 참여하는 국가만 약 150여 개에 달하고 세계 각국에서 3천 5백 명 이상의 셰프와 요리 관계자들이 프랑스로 모여들지요. 이 행사를 위해 프랑스에 들어온 세계 각국의 셰프들은 자신들이 생각하는 가장 훌륭한 프랑스식 만찬을 만든답니다. 셰프들이 프랑스식 만찬을 만들고 이에 대해 토론하는 동안 프랑스 전국의 길거리 곳곳에서는 '식도락의 향연'이 벌어져요. 프랑스의 3월은 그야말로 맛있는 음식으로 들썩이는 시기랍니다.

프랑스에서는 '식도락의 향연' 이외에도 다양한 음식 축제가 열려요. 거리 곳곳을 레몬으로 수놓은 망통 레몬 축제, 초콜릿으로 다양한 조형물을 만든 파리 초콜릿 박람회, 그해 가장 먼저 출

파삭파삭, 프랑스빵에 빠져 볼까?

하된 와인을 즐길 수 있는 보졸레 누보 축제 등이 대표적이죠. 이
외에도 흰 옷을 입은 사람들이 비밀리에 갑자기 한 장소에 모여
직접 싸 온 음식을 나누는 '디네 앙 블랑'이라는 행사도 있어요.
이 행사는 이내 전 세계로 확산되었고, 얼마 전에는 우리나라에

 오트 퀴진

프랑스의 '최고급 요리'를 의미하며, 루이 14세의 절대 왕정 시대부터
시작되었다. 다양한 요리가 연달아 나오며 프랑스 음식의
화려함을 맛볼 수 있다.

서도 열렸답니다.

　이처럼 프랑스에서는 음식과 관련한 다양한 축제와 행사들이 있는데 이는 프랑스인들에게 음식이 그만큼 중요하다는 의미겠죠. 프랑스인들에게 음식을 먹는 순간은 미각의 충족을 넘어서 시각, 후각, 촉각 등의 즐거움과 마음의 평온을 느낄 수 있는 시간이랍니다. 이 때문에 음식을 먹는 시간도 다른 나라에 비해 상당히 긴 편이에요. 전통적으로 점심시간이 무려 2시간에 이른다고 해요. 물론 파리와 같이 큰 도시에서는 국제적인 영업 방침에 따라 점심시간을 1시간으로 제한하지만, 대부분의 지역에서는 아직도 약 2시간 동안 점심을 먹는답니다. 이 때문에 프랑스 일부 지역에서는 12시부터 2시까지 상점과 은행 등이 문을 닫기도 해요. 그 시간에 사람들은 레스토랑이나 카페 등에서 점심을 먹거나 풍광이 좋은 곳에서 자신이 싸 온 음식을 친한 사람들과 즐기죠.

　이렇게 음식을 먹는 순간을 중요하게 여기는 만큼 프랑스인들에게 맛있는 식당을 찾는 것은 큰 행복이랍니다. 프랑스인들의 이런 성향에 힘입어 맛있는 식당을 소개하는 책이 매년 출판되는데 세계적으로

 미슐랭 선정 식당
프랑스의 타이어 회사인 미슐랭이 매년 선정한다. 타이어 구매 고객에게 안내 책자를 무료로 나눠 주던 것이 시초이다.

파삭파삭, 프랑스빵에 빠져 볼까?

명성을 얻은 미슐랭 가이드가 바로 그것이랍니다.

프랑스는 음식 문화가 발달한 만큼 세계적으로 유명한 독특한 음식도 많아요. 그중 가장 대표적인 것으로는 '푸아그라'가 있답니다. 푸아그라는 프랑스 북동부 알자스 지방의 대표 음식인데 프랑스어로 '살찐 간'을 의미해요. 알자스 지방은 독일과 인접한 지역으로 과거 독일의 지배를 받기도 했답니다. 이 때문에 자연스럽게 독일 음식 문화의 영향을 받았어요. 알자스 지방에서는 독일에서 유래한 빵인 브레첼을 주로 먹고, 돼지고기로 만든 살라미나 돼지고기를 넣어 만든 투르트라는 파이도 먹는답니다. 그런데 이런 독일식 음식을 먹지 못하는 사람들이 있었어요. 바로 유대인들이었죠.

유대인들은 이슬람교도와 마찬가지로 종교상의 이유로 돼지고기는 물론 돼지기름을 이용해 만든 음식도 먹지 않아요. 그런데 이런 유대인들이 과거에 프랑스의 알자스부터 독일의 라인란트에 이르기까지 남북으로 걸쳐 많이 거주했답니다. 알자스 지방에 살던 유대인들은 종교상 이유로 돼지고기를 먹지 못했어요. 결국 다른 식재료로 단백질을 섭취했는데 그것이 바로 거위였답니다. 거위는 겨울철이 가까워지면 모이를 잔뜩 주워 먹어 양분을 간에 비축하기 때문에 간이 커지고 지방 함량도 높아져요. 유대인들은 돼지고기 대신 부드럽고 맛이 풍부한 거위의 살찐 간을 먹었는데 자연스럽게 그 맛이 소문나 프랑스는 물론 전 세계

푸아그라

푸아그라는 캐비어(철갑상어의 알), 트러플(송로버섯)과 더불어 세계 3대 진미로
꼽힌다. 하지만 거위의 간을 10배로 키우기 위해 튜브를 통해 강제로
음식물을 주입하는 건 끔찍하고 잔인한 일이다. 현재 이탈리아, 덴마크, 핀란드,
이스라엘, 독일 등의 국가에서 푸아그라를 금지하거나 엄격한 제한을 가하고 있다.

적으로 유명해졌답니다.

하지만 푸아그라에는 어두운 면이 있어요. 살찐 간을 원하는 사람들이 너무 많아지면서 거위에게 강압적으로 모이를 먹여 간을 살찌우는 방법이 널리 퍼졌답니다. 푸아그라를 탐하는 과정에서 동물 학대가 이뤄진 것이죠. 오늘날 세계 사람들은 이렇게 강압적으로 만들어진 푸아그라에 대해 비판을 하고, 이렇게 만든 푸아그라를 금지하는 나라들까지 생겨나고 있답니다.

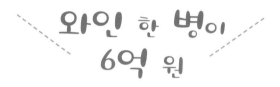

와인 한 병이 6억 원

2018년 뉴욕 소더비 경매에 와인 한 병이 나왔어요. 이 와인은 이제까지 판매된 와인 중에서 가장 비싼 가격인 6억 원에 팔렸죠. 이 와인의 정체는 1945년산 '로마네-콩티'로, 프랑스 부르고뉴 지방에서 생산된 것이라고 해요. 프랑스산 와인은 시중에서 천만 원이 넘는 비싼 가격으로 판매되는 경우가 많아요. 프랑스산 와인은 그야말로 세계 최고로 인정받고 있죠. 그런데 프랑스산 와인이 이토록 비싸고 유명한 이유는 무엇 때문일까요? 대표적인 이유로는 로마 제국의 발달, 종교를 통한 전파,

와인

와인은 색으로 레드와인과 화이트와인으로 나뉜다.
레드와인은 적포도의 껍질을 넣고 발효시켜 만드는 반면, 화이트와인은
적포도의 껍질을 제거하거나 청포도를 발효시켜 만든다.

저장 기술의 발달 등으로 설명할 수 있어요.

　와인은 포도를 으깨서 나온 즙을 발효시킨 술이랍니다. 사실 와인은 자연 상태에서 가장 쉽게 볼 수 있는 술이에요. 포도에는 '포도당'이라고 불리는 당분이 있는데, 이 당분을 껍질에 살고 있는 효모(이스트)가 먹는답니다. 효모는 잘 익은 포도를 양분 삼아 호흡하는데 그 과정에서 포도가 발효되면서 와인이 만들어지는 것이죠. 자연 속에서 저절로 만들어진 와인은 인간에게 스트레스 해소는 물론 커다란 즐거움을 안겨 주었답니다. 인류는 점차 와인에 빠져들었고 와인은 인류의 주된 술로 자리매김하게 되었어요.

　와인이 처음 만들어진 곳은 포도의 원산지인 캅카스 지방이

었지만 와인 문화는 점차 지중해 일대로 확대되었어요. 특히 로마 제국이 나타나면서 와인은 유럽 곳곳으로 급속히 퍼졌어요. 로마인들은 정복지마다 포도나무를 심었는데, 포도는 과육으로 수분과 당분을 얻기에 유리했고 와인은 상류층의 사치품이나 의약품으로 쓰여 상당히 매력적인 상품이었기 때문이죠. 이후 로마 제국이 크리스트교를 국교로 정하면서 와인 문화가 유럽 사회에 완벽히 뿌리내린답니다. 와인은 크리스트교의 종교 의식에서 꼭 필요했기 때문이죠.

로마 교황의 영향을 받은 프랑스에도 수도원을 중심으로 와인 문화가 발달했답니다. 그런데 프랑스의 수도원에서 생산된 와

성만찬 예수의 성만찬에는 빵과 포도주가 사용되었다. 이 때문에 포도주는 크리스트교를 믿는 지역을 중심으로 적극적으로 수용되었다.

인은 다른 지역의 와인보다 맛이 상당히 좋았어요. 사실 프랑스는 과육을 먹는 포도를 재배하기에는 아주 좋은 환경은 아니에요. 과육이 크고 수분이 뚝뚝 떨어지는 맛난 포도는 여름철 기온이 높고 건조한 지중해성 기후 지역에서 재배하기에 유리해요. 하지만 와인이라면 조금 달라요. 와인은 숙성이라는 과정이 필요한데 숙성을 할 때는 좋은 용기와 서늘한 기후가 필수적이고 포도도 알이 비교적 작은 것이 좋답니다. 이런 모든 것을 갖춘 곳이 바로 프랑스였어요.

프랑스는 지중해보다는 위도가 높아 비교적 비가 많고 겨울철에는 서늘해요. 이런 기후의 영향으로 프랑스에는 참나무가 많이 자랐어요. 프랑스인들은 쉽게 얻을 수 있는 참나무에 송진을 발라 액체를 저장할 수 있는 오크 통을 만들어 냈답니다. 이전까지 와인은 항아리나 가죽 부대 안에 저장했는데 이동이 불편할 뿐더러 오래 저장하기도 어려웠어요. 하지만 참나무로 만든 오크 통은 달랐어요. 목재로 만들어진 튼튼한 오크 통은 이동도 편하고 그 안에서 와인이 잘 부패하지도 않았죠. 더군다나 오크 통에서 나오는 페놀 성분은 와인에 바닐라 맛을 덧붙여 줬죠. 프랑스에서는 가을철 포도를 수확한 후 포도를 으깨 오크 통에 담았는데 서늘하고 습도가 적당한 겨울을 지내면서 와인의 풍미가 더 좋아졌답니다.

한편 프랑스에서 와인이 유명해지면서 덩달아 널리 퍼진 음

식이 있어요. 그것은 바로 프랑스풍 달팽이 요리인 '에스카르고'
랍니다. 사실 달팽이를 먹는 문화는 선사 시대부터 있었지만 아
주 널리 퍼지진 않았어요. 하지만 프랑스에서 와인 문화가 발달
하면서 달팽이 요리가 와인 생산지를 중심으로 널리 퍼졌답니다.
달팽이는 대부분 초식성으로 야채와 나무의 잎을 갉아먹어요. 포
도잎도 예외는 아니었죠. 프랑스 부르고뉴 지방은 세계적인 와인
생산지인데 이곳의 농부들에게 포도잎을 먹는 달팽이가 큰 골칫
거리였어요. 달팽이 때문에 포도가 잘 영글지 않았거든요. 이 때
문에 부르고뉴 지방에서는 달팽이 퇴치를 위한 여러 방법을 고

에스카르고 식용 달팽이인 헬릭스포마티아를 이용한다.
독성이 있는 달팽이도 있기 때문에 아무 달팽이나 요리해 먹지는 않는다.

안했답니다. 그중 가장 대표적인 것이 달팽이를 이용한 다양한
요리를 만드는 것이었는데 이것이 큰 인기를 끌었지요. 우리에
게는 낯선 달팽이 요리인 에스카르고는 와인이 만들어 낸 프랑
스의 전통적인 음식 문화랍니다.

파삭파삭, 프랑스빵에 빠져 볼까?

'파리' 하면 바게트

프랑스의 '파리'를 생각하면 무엇이 떠오르나요? 저는 바게트가 떠오른답니다. '파리 바게트'라는 프랜차이즈 빵집 때문에 더 연상이 되나 봅니다. 실제로 파리를 비롯해 프랑스 전역에서 가장 일반적인 빵은 바게트예요. 프랑스인들은 우리나라 사람들이 매일 밥을 먹듯이 매일 바게트를 먹어요.

'바게트'는 프랑스어로 '막대기, 지팡이'라는 뜻으로 막대기처럼 긴 빵을 의미해요. 그런데 길기만 해서는 바게트라고 할 수 없어요. 프랑스에서는 식품법으로 밀가루, 소금, 물, 이스트로만 만든 긴 빵을 바게트라 부르기로 정했답니다. 만일 다른 재료가 들어간다면 아무리 길어도 바게트라고 이름 붙여 팔 수는 없어요. 그런데 이런 프랑스의 대표 빵인 바

 바게트 빵
프랑스에서는 대략 1초당 약 320개의
바게트 빵이 판매된다.

게트를 프랑스 사람들이 먹기 시작한 지는 그리 오래되지 않았어요. 18세기에 처음 등장했고, 1920년대에 들어서야 공식적으로 바게트라고 불렸죠.

바게트가 등장하기 전 프랑스에서 널리 먹었던 빵은 '캉파뉴'랍니다. 프랑스어로 캉파뉴는 '시골'을 뜻하는 단어예요. 즉 캉파뉴는 시골 마을에서 만들어진 빵을 의미하죠. 캉파뉴는 천연 효모를 사용하기 때문에 만드는 데 시간이 많이 걸려요. 하루 온나절이 걸려서 만들었기 때문에 산업 혁명 이후 도시의 인구 증가를 도저히 따라갈 수 없었어요. 그 결과 캉파뉴는 점차 쇠퇴의

캉파뉴 천연 발효종으로 천천히 만든 건강한 '웰빙 빵'이다.

길을 걸었답니다. 당시 도시의 제빵사들은 많은 사람들에게 빨리 빵을 제공하기 위해 새로운 시도를 했어요. 빵에 이스트를 넣기 시작했고 빵 반죽을 가늘고 길게 만들어 빨리 구워 냈는데, 이런 과정에서 탄생한 것이 바로 바게트랍니다.

프랑스에서 유명한 또 다른 빵으로는 '크루아상'이 있어요. 크루아상은 밀가루 반죽과 버터를 켜켜이 쌓아 구워 낸 초승달 모양의 빵이죠. 겉은 바삭하고 속은 부드러워 사람들이 좋아하는 크루아상은 사실 프랑스에서 처음 만들어진 음식은 아니랍니다. 헝가리와 오스트리아 등을 거쳐 프랑스로 온 것으로 알려져 있어요. 하지만 오늘날 크루아상이라고 하면 바로 프랑스가 떠오르죠.

크루아상이 프랑스를 대표하는 빵이 된 배경에는 프랑스의 낙농업 발달과 과학 기술의 발달이 있어요. 프랑스는 비슷한 위도의 다른 나라보다 여름은 선선하고 겨울은 대체로 따뜻해요. 또 연중 강수량의 차이도 적은 편이죠. 이러한 기후에서는 풀을 기르기가 유리해서 낙농업이 발달한답니다. 낙농업이 발달한 프랑스에서는 버터의 생산량이 상대적으로 많았고 이를 빵에 넣기 시작했답니다.

최근에는 냉동 기술이 발달하면서 빵 공장에서 크루아상의 반죽을 미리 만들어 놓고 빵집에서 굽는 방식을 시도하기까지 했죠. 미국에서 유행했던 패스트푸드 전략을 모방한 이 방식은 프랑스에서 큰 성공을 거두었답니다. 매일 아침, 바로바로 제공된 크루아상은 많은 사람들에게 인기를 끌었죠. 공장에서는 더 많은 크루아상 반죽을 만들어 내기 시작했답니다. 급기야 오늘날 프랑스에서 판매되는 크루아상의 약 30~40퍼센트는 공장에서 만든 냉동 생지를 빵집에서 구워 낸 것이라고 해요. 패스트푸드와 거리가 멀 것 같은 프랑스이지만 패스트푸드 전략을 잘 세워 국가적인 빵을 만들어 낸 것이죠.

프랑스의 빵에는 바게트, 캉파뉴, 크루아상만 있는 것은 아니에요. 그 종류만 해도 수십 가지가 넘는 빵들이 매일 프랑스의 빵

 크레이프

얇게 구운 팬케이크의 일종이다. 밀이 잘 재배되지 않아 밀이 부족했던 브르타뉴 지방에서 메밀 반죽이나 밀반죽을 얇게 펴서 구워 낸 것이 유래라고 알려져 있다.

파삭파삭, 프랑스빵에 빠져 볼까?

집에서 구워진답니다. 주로 디저트로 제공되는 둥근 모양의 '브리오슈', 치즈와 햄을 넣은 샌드위치를 구워 낸 '크로크 무슈', 얇게 구워 낸 팬케이크에 딸기와 생크림 등을 곁들여 먹는 '크레이프' 등 다양한 빵들을 볼 수 있답니다. 매일 아침 약 3만 개의 빵집에서 구워 내는 향긋한 빵 내음이 매력적인 빵의 천국 프랑스… 프랑스 빵만으로도 세계의 미식가들을 가슴 설레게 한답니다.

딸기 바나나
크레이프

{재료} 핫케이크 가루 5~6스푼, 달걀 1개, 물, 생크림, 딸기, 바나나, 초코 시럽, 식용유

- -

2. 핫케이크 가루, 달걀, 물을 잘 섞어 주세요.

1. 딸기와 바나나를 썰어 준비해 주세요. **Tip** 조금 묽게 만들어야 얇은 크레이프를 만들 수 있어요.

3. 프라이팬을 살짝 달군 후 식용유로
코팅을 해 주세요.

Tip 키친타올로 프라이팬의 식용유를
슬쩍 닦아 내 주세요.

4. 반죽을 프라이팬 위에
얇게 둘러 주세요.

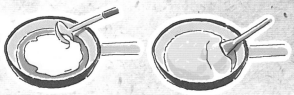

5. 약한 불로 반죽을 익히고 바깥쪽이 노릇해지고
가운데가 살짝 촉촉할 때 뒤집어 주세요(반대편도 살짝 익혀 주세요.).

6. 얇게 구운 크레이프 위에 생크림을 바른 후
딸기와 바나나를 가운데에 올려 주세요.

7. 크레이프를 원뿔 모양으로 접어 주세요.
예쁜 접시에 담고 초코 시럽을 위에 뿌려 주세요.
그럼 나만의 딸기 바나나 크레이프 완성!

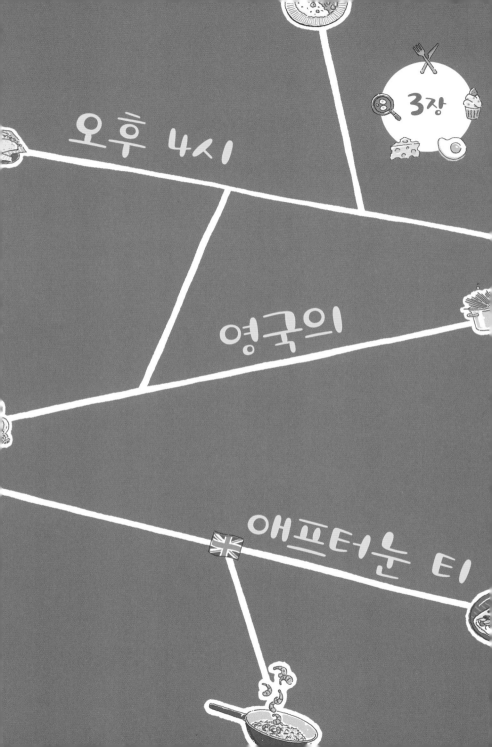

3장

오후 4시

영국의

애프터눈 티

샌드위치 백작은 너무 바빴어

영국 사람들이 가장 즐겨 먹는 음식을 꼽으라면 그건 아마도 샌드위치일 거예요. 영국 샌드위치 협회에 따르면 영국에서는 매년 약 115억 개의 샌드위치를 소비한다고 해요. 한 해 동안 영국 사람들이 먹은 샌드위치를 일렬로 세우면 지구와 달을 왕복하고도 남을 정도이죠. 그런데 영국 사람들은 왜 이렇게 샌드위치를 사랑할까요?

사실 빵 조각 사이에 음식을 넣어 먹는 문화는 그 역사가 아주 오래되었답니다. 고대 로마 사람들이 검은 빵에 고기를 넣어 먹었다는 기록이 있는 것으로 보아 빵 사이에 음식을 끼워 넣은 것은 아주 오래전부터 널리 이용된 방식이었어요. 하지만 오늘날 같은 샌드위치의 형태가 나타난 것은 18세기 영국이었답니다.

18세기 영국의 콘월 지역은 주석 광산으로 유명했어요. 영

오이 샌드위치

영국 왕실에서는 오이 샌드위치를 즐겨 먹는다.

영국은 연중 습기가 많고 햇볕이 내리쬐는 시간이 적어 오이 재배에 불리하다.

과거 영국 왕실에서는 구하기 힘들고 귀했던 식재료인

아삭한 오이를 샌드위치에 넣어 먹었다.

국 사람들은 콘월에서 생산된 주석을 이용해 가벼우면서도 값싼 빵틀을 만들어 냈고, 그 빵틀은 영국 전역으로 급속히 퍼졌어요. 빵틀이 널리 보급되기 전까지 사람들이 빵을 만들기 위해 가장 많이 사용한 방법은 반죽 덩어리를 그대로 오븐에서 구워 낸 방식이었답니다. 이 때문에 빵틀이 보급되기 전까지는 대체로 크고 둥근 빵을 떼어 먹었지요.

영국에서 값싼 빵틀이 널리 보급되면서 빵의 모양이 달라지기 시작했어요. 사람들은 빵틀에 반죽을 넣고 빵을 구워 냈는데 그 결과 네모나고 모양이 동일한 빵들이 만들어졌죠. 이렇게 만들어진 네모난 빵 덩어리를 평평하게 잘라 내 납작한 식빵을 만들어 먹었답니다. 그리고 그 빵 사이에 음식을 끼워 먹었는데 이 것이 바로 영국에서 탄생한 샌드위치랍니다.

그런데 영국 사람들은 왜 납작하고 네모난 빵 사이에 음식을 넣은 것을 샌드위치라고 불렀을까요? 사실 샌드위치라는 이름은 영국에 있는 작은 도시의 이름이에요. 영국 켄트주의 동쪽 해안에 샌드위치(sandwich)라는 작은 도시가 있어요. 이 도시의 명칭인 샌드위치는 고대 영어인 'Sandwic'이라는 단어에서 나왔는데, 간단히 말하면 모래(sand)로 이루어진 마을(wic)이라는 뜻이랍니다. 실제로 샌드위치는 해안에서 날아온 모래로 만들어진 언덕을 중심으로 발달한 도시죠.

이 작은 도시는 영국의 귀족 몬터규 가문의 백작들이 다스

렸는데 사람들은 간단하게 지역의 명칭을 사용해 샌드위치 백작이라고 불렀어요. 샌드위치 백작 가문은 영국에서 오랫동안 이어졌는데 우리에게 익숙한 샌드위치 백작은 4번째 백작인 존 몬터규랍니다. 그는 영국의 우편 국장, 해군 장관, 국무 장관 등 다양한 직책을 맡으면서 바쁜 삶을 살았답니다. 그리고 항상 바빴던 그가 즐겨 먹었던 음식은 빵 사이에 소금 절인 고기를 끼워 먹는 것이었죠. 샌드위치 백작이 먹었던 이 음식은 만들기 쉬우면서도 한 끼 식사로도 충분해 사람들이 점차 이 방식을 따라하기 시작했어요. 사람들은 '샌드위치 백작처럼' 음식을 만들어 달라고 했고 시간이 지나면서 사람들

내가 샌드위치의 창시자야.

 4대 샌드위치 백작
샌드위치는 도박을 좋아했던 존 몬터규가 즐겨 먹었다고 알려져 있다. 하지만 최근 연구에 따르면 이러한 일화는 그를 반대하던 사람들의 모함인 것으로 여겨지고 있다.

은 네모지고 납작한 빵 사이에 음식을 끼워 먹는 것을 간단히 '샌드위치'라고 부르게 되었답니다.

이렇게 탄생한 샌드위치가 영국 전역에 급속도로 퍼진 배경에는 산업 혁명이 있어요. 산업 혁명은 18세기 영국에서 시작된 기술 혁신으로 나타난 사회·경제적 변화랍니다. 영국의 산업 혁명으로 기계식 공장이 생겨나기 시작했고 영국 곳곳이 거미줄처럼 철도망으로 연결되었죠. 그 결과 농촌에 살던 수많은 사람들이 일자리를 찾아 대도시로 옮겨 와 공장 노동자로 새로운 삶을 살기 시작했답니다.

대도시는 항상 사람들로 북적였는데 그중에서 사람들이 가장 많이 드나든 곳은 기차역이었어요. 기차역에서 샌드위치는 상당한 인기를 얻었답니다. 바쁜 걸음을 재촉하는 열차 승객들에게 샌드위치는 시간을 절약해 주는 편리하고 맛있는 음식이었던 것이죠.

이후 지속된 영국의 산업과 교통의 발달은 샌드위치의 인기를 치솟게 했어요. 산업과 교통이 발달하면서 영국 대도시의 땅값은 지나치게 상승했죠. 특히 직장들이 몰려 있는 도시의 중심부는 땅값이 너무 비싸 일반 사람들이 살기 어려웠어요. 그래서 집과 직장의 거리는 점차 멀어지기 시작했고, 사람들은 더 이상 점심 식사를 하러 집에 갈 수 없었어요. 간편한 도시락을 싸 들고 오는 사람들이 증가했는데, 사람들이 가장 좋아한 것이 샌드위치

오후 4시 영국의 애프터눈 티

였답니다. 샌드위치는 식탁은 물론 식기류도 필요 없고 간단하게 가방 안에 넣어 가기만 해도 돼서 편리했기 때문이죠.

게다가 대부분의 노동자들은 비좁은 주거지에서 살았는데 주방 시설이 그다지 좋은 편은 아니었답니다. 이에 노동자들은 싸고 즉석에서 먹을 수 있는 음식들을 선호했는데 그중 하나가 바로 샌드위치였어요. 샌드위치를 한 끼 식사로 이용하는 사람들이 늘어나면서 점차 영국의 점심 문화는 샌드위치 문화로 바뀌기 시작했어요. 오늘날에는 초등학생의 점심 도시락으로도 샌드위치가 이용될 정도이죠.

이렇게 샌드위치가 일반적인 식사로 여겨지는 영국에서는 손쉽게 샌드위치 가게를 찾아볼 수 있답니다. 샌드위치 가게에서

샌드위치 전문점 영국의 샌드위치 전문점에서는 50종류가 넘는 다양한 종류의 샌드위치와 샐러드, 커피 등을 만날 수 있다.

는 수많은 종류의 샌드위치를 접할 수 있는데, 영국을 여행할 때 우리나라에서 보기 힘든 이런 다양한 샌드위치에 빠져 보는 것은 어떨까요?

'영국' 하면 피시 앤 칩스

영국의 산업 혁명은 샌드위치 외에도 '피시 앤 칩스'라는 음식의 발달에 영향을 주었어요. 피시 앤 칩스는 세계인들이 영국 음식을 생각할 때 가장 먼저 떠올리는 음식이죠. 피시 앤 칩스는 물고기(Fish)와 썬 감자(Potato Chip)로 이루어진 음식으로, 물고기와 길쭉하게 썬 감자를 튀겨서 내놓은 영국의 대표적인 서민 요리랍니다. 사람들은 피시 앤 칩스를 상당히 친숙하게 여기고 있으며 길거리는 물론 대중적인 식당에서 팔고 있답니다. 때문에 영국의 길거리를 지나갈 때 포장 용기에 담겨진 피시 앤 칩스를 먹는 사람들을 종종 볼 수 있어요.

그런데 피쉬 앤 칩스는 어떤 물고기로 만들까요? 보통 '대구'라는 생선을 사용한답니다. 영국 사람들은 피시(fish)라고 할 때 일반적으로 대구를 생각하는데 그 이유는 과거 영국에서 가

장 많이 잡힌 생선 중 하나가 대구였기 때문이에요. 섬나라인 영국에서는 다양한 물고기를 먹었을 것 같지만 옛날부터 대구를 주로 소비했답니다. 영국에서 대구를 주로 소비한 배경에는 바로 춥고 거친 바다가 있어요.

영국은 북해, 아일랜드해 및 대서양에 접하는데 이들 바다는 상당히 거칠었답니다. 이 중 북해는 원래 땅이었다가 바다로 변한 곳인데 낮고 사나운 파도로 인해 수많은 선박들이 난파되기도 했지요. 영국 사람들은 사나운 바다에서 물고기를 얻기가 상당히 어려웠어요. 하지만 정말 하늘이 내려 준 선물과 같은 물고기가 있었는데 바로 대구였답니다.

대구는 북극해에서 시작되는 차가운 해류를 따라 이동하는데, 따뜻한 해류와 차가운 해류가 만나는 영국 주변의 해역과 스칸디나비아반도, 북아메리카의 북쪽 해역 등에서 주로 자리를 잡고 산답니다. 특히 영국 주변 해역에서 알을 낳고 어린 대구들이 북해에서 몸집을 키워 나가기 때문에 영국 주변 해역에서 비교적 많이 서식하고 있었어요.

한편 커다란 입을 가지고 있어 대구(大口)라고 불리는 이 생선은 커다란 입을 벌린 채로 입 안에 들어온 것이라면 무엇이든 먹는 특성이 있어요. 심지어 자갈이나 어린 대구까지도 먹어 치운답니다. 대구의 무엇이든 먹어 버리는 식성 때문에 어부들은 거친 바다에서도 대구를 비교적 쉽게 잡을 수 있었어요.

이외에도 대구는 보존하기도 상당히 쉬웠어요. 대구는 흰살 생선으로 지방이 다른 생선보다 적답니다. 기름기가 적은 덕분에 잘 말려서 보관만 하면 상당히 오랫동안 저장해 둘 수 있어요. 우리나라의 명태를 생각하면 쉽게 이해가 될 거예요. 명태는 대구과에 속하는 어류인데 우리나라에서는 말려서 북어나 황태 등을 만들어 보존성을 높이고 있죠. 다만 영국은 해양성 기후의 영향으로 다소 온난하고 습한 날씨이기에 대구를 그냥 말리기는 어려웠어요. 때문에 소금을 약간 친 후 대구를 말렸는데 그 풍미가 좋아 영국 사람들이 즐겨 먹었답니다. 영국 사람들은 이렇게 즐겨 먹는 대구를 뭉뚱그려 그냥 피시(fish)라고 부르기도 했답니다.

영국 사람들에게 상당히 익숙한 식재료였던 대구는 산업 혁명을 계기로 영국 사람들에게 더욱 큰 인기를 끌게 되었어요. 산업 혁명이 일어나자 증기 기관으로 움직이는 운송 수단이 대거 등장했어요. 그중 대표적인 것이 선박과 철도였죠. 우선 증기선의 등장으로 영국 주변 해역의 거친 바다를 조금씩 극복해 나갈

면실유 목화씨에서 짜낸 식용유이다.
면방직 공업의 발달로 목화에서 분리된 목화씨가 많아지면서
면실유 생산량도 증가하였다.

수 있었어요. 어부들은 파도가 거세게 몰아치는 바다에서 증기선의 도움으로 많은 양의 대구를 잡아들였답니다. 증기선을 이용해 잡은 대구는 항구에서 곧바로 철도역으로 옮겨졌고 영국 곳곳으로 보내졌어요. 그 결과 영국 전역에서 대구를 이전보다 더 쉽게 접할 수 있게 되었죠.

한편 일부 지역에서는 대구를 튀겨서 팔기도 했는데 이는 영국에서 발달한 면방직 공업에서 그 원인을 찾을 수 있어요. 산업 혁명 시기에 영국에서는 면방직 공업이 발달했는데, 목화에서 섬유를 얻는 과정에서 생긴 부산물인 목화씨로 만든 면실유가 넘쳐났어요. 면실유의 가격은 상당히 저렴해졌고 이를 이용한 튀김 음식이 급격히 증가했답니다.

식재료를 기름에 튀기면 원재료에 손상을 최소화시키며 음식을 익혀 낼 수 있는 것은 물론 맛도 좋아지죠. 영국 사람들은 산업 혁명으로 많아진 기름을 이용해 생선을 튀겨 냈는데 여기에 가장 많이 사용된 생선이 영국 사람들에게 익숙한 대구였답니다. 대구를 튀겨 낸 음식은 공장 노동자들에게 선풍적인 인기를 끌었어요. 기름기가 더해진 생선 튀김은 배고픈 노동자들에게 포만감을 주었죠. 이후 생선 튀김에 감자튀김까지 곁들여지면서 피시 앤 칩스라고 불렸죠. 그리고 오늘날 영국 서민들의 대표 음식으로 자리매김하게 되었답니다.

여성들이 만들어 낸 문화, 티타임

영국 하면 떠오르는 음식 문화 중 하나는 티타임 (Tea time)입니다. 티타임은 단어 그대로 차를 마시는 시간입니다. 영국 사람들은 티타임을 즐기며 하루의 여유를 갖죠. 영국에서는 다양한 티타임을 즐기는데 보통 다음 세 가지 티타임이 유명해요. 오전 11시경에 미처 쫓지 못한 잠을 깨우기 위해 차를 마시는 일레븐스(Elevens), 오후 4~5시경에 샌드위치나 스콘 같은 간단한 간식을 곁들여 즐기는 애프터눈 티(Afternoon tea), 노동자 계층이 오후 5~7시경에 저녁을 겸해서 먹는 하이 티(High tea)가 그것이죠. 이외에도 다양한 시간에 영국인들은 차를 마시며 영국만의 독특한 차 문화를 만들었답니다.

그런데 영국 사람들은 왜 이렇게 차에 빠져들었을까요? 그 배경은 영국 여성들의 작지만 울림이 큰 목소리에서 찾을 수 있어요. 1662년 영국의 찰스 2세는 포르투갈의 카타리나 공주와 결혼을 했어요. 카타리나 공주는 당시 강대국이었던 포르투갈의 공주로 영국으로 올 때 차와 설탕, 향신료 등을 가득 실은 배를 타고 왔다고 해요. 카타리나 공주는 자신이 포르투갈에서 가져온 차를 우려내 왕족들에게 대접했죠. 그러면서 점차 왕족과 귀족들 간에 차를 마시는 새로운 유행이 만들어지기 시작했어요. 특히 영국 귀족 부인들은 카타리나 공주가 전파한 차 문화에 열광하기 시작했어요.

사실 17세기 영국에서는 차보다는 '악마의 유혹'이라고 불리던 커피가 상당한 인기를 끌고 있었답니다. 당시 영국에는 다양한 계층들이 커피를 한잔 시켜 놓고 열띤 논쟁을 하는 커피 하우스가 널리 퍼져 있었죠. 하지만 커피 하우스는 여자들의 출입이 불가능한 남성들만의 전유물이었답니다. 이런 상황에서 카타리나 공주의 차는 여성들에게 새로운 해방구 역할을 했답니다.

차가 귀족 여성들에게 널리 퍼지면서 차를 담는 주전자와

오후 4시 영국의 애프터눈 티

찻잔도 덩달아 인기를 끌었어요. 귀족 여성들은 고급 도자기로 만들어진 주전자에 차를 담고 예쁜 찻잔을 이용해 차를 마셨답니다. 처음에는 중국에서 들여온 고급 티세트를 이용했으나 점차 영국인의 취향에 맞는 티세트가 만들어졌죠. 영국 귀족 가문에서는 거실에서 예쁜 찻잔에 차를 담아 마시며 과시하는 문화가 확산되었어요. 여성들은 마음이 통하는 사람들과 차에 간단한 빵과 과자를 곁들여 먹었는데 이것이 바로 애프터눈 티의 유래랍니다.

반면에 술을 함께 마실 수 있는 공간이었던 커피 하우스는 분위기가 점점 어두워지기 시작했어요. 남자 귀족들은 점차 커피 하우스에서 발길을 돌렸고 여자들과 함께 거실에서 차를 마시기 시작했어요. 고급스러운 찻잔에 담겨진 차가 귀족의 품격에 더 어울린다고 여겼던 것이죠. 거실에서 마시던 차 문화는 집 밖의 정원으로 확산되었는데 이렇게 홍차를 마시는 정원을 플레저 가든(Pleasure garden)이라고 부른답니다.

한편 18세기 네덜란드와의 전쟁에서 승리한 영국은 세계 해상 무역을 독차지했어

영국의 티세트

요. 세계의 바다를 차지한 영국은 동인도 회사를 통해 중국에서 직접 차를 수입했죠. 그 결과 영국에 공급되는 차의 가격은 점점 낮아지기 시작했어요. 차의 가격이 낮아지면서 중간 계층도 차를 마실 수 있게 되었죠. 중산층들은 귀족들을 모방하면서 사교와 교양의 음료로 차를 마셨답니다.

차는 점차 노동자 계층까지 확산되었는데 그 배경에는 산업 혁명이 있어요. 산업 혁명 시기 노동자들의 생활은 상당히 열악했고 술로 괴로움을 잊고자 하는 사람들이 많았답니다. 하지만 술은 사람들의 작업 능률을 떨어뜨렸죠. 노동자를 고용한 사람들은 작업 능률을 높이기 위한 방법을 강구했는데 바로 휴식

 플레저 가든

시간인 티타임입니다. 고용주들은 노동자들에게 티타임 시간에 무료로 밀크티를 나눠 주었죠. 차는 사람들에게 각성 효과를 주었고 차 속에 들어간 설탕은 사람들에게 활력을 불어 넣어 주었답니다.

이렇게 영국에서는 왕족에서부터 노동자에 이르기까지 차가 널리 퍼졌어요. 차는 점차 영국에서 중요한 위치를 차지했고 차의 안정적 공급이 중요해졌어요. 이 때문에 영국은 중국과 아편 전쟁을 일으키기도 했죠. 여기에서 더 나아가 중국에서 자라던 차나무를 인도에 옮겨 심어 직접 재배하기에 이르렀답니다. 인도가 세계적인 차 재배지가 된 데는 영국의 차 문화 확산 때문인 것이죠.

영국 왕실 샌드위치

{재료} 식빵, 오이 반 개, 크림치즈, 마요네즈, 소금

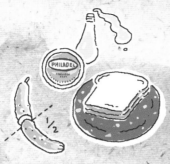

1. 식빵, 오이 반 개, 크림치즈,
   마요네즈, 소금을 준비하세요.

2. 오이를 채칼로 얇게 슬라이스 해 주세요.
   채를 썰은 오이는 살짝 소금으로 밑간을 해 주세요.
   Tip 감자 칼을 이용하면 아주 얇은 오이 슬라이스가 된답니다.

3. 식빵 한쪽에는 마요네즈를, 다른 한쪽에는
   크림치즈를 골고루 발라 주세요.
   크림치즈가 없다면 마요네즈를 양쪽 면에
   발라 줘도 된답니다.

4. 빵 위에 오이 슬라이스를 올려 주세요.

5. 빵을 덮고 갈색 테두리를 자른 후
   대각선으로 잘라 주세요. 예쁜 접시에 담고
   홍차 한 잔까지 함께 낸다면
   영국 왕실에 온 기분을 낼 수 있답니다!

4장

터키의

길거리 음식,

케밥

세계에서 빵을 가장 많이 먹는 사람들

터키는 빵과 관련해 세계적인 기록을 많이 가진 나라랍니다. 2000년 기네스 세계 기록은 터키를 세계에서 한 사람당 가장 많은 빵을 소비하는 국가로 인정했어요. 당시 터키 사람들은 한 사람당 평균적으로 199.6킬로그램을 먹었다고 해요. 이처럼 빵과 관련된 독보적인 세계 기록을 갖고 있는 터키 사람들에게 빵은 그야말로 일상의 음식인 동시에 그들의 생활에서 없어서는 안 되는 중요한 음식이랍니다.

터키인들이 빵을 사랑하는 만큼 터키 곳곳에서는 다양한 빵을 맛볼 수 있어요. 우선 터키의 이스탄불을 여행하다 보면 '발륵 에크멕'이라는 샌드위치를 맛볼 수 있어요. 발륵 에크멕은 바게트와 비슷하게 생긴 에크멕이란 빵에 구운 생선인 발륵을 넣어 먹어요. 보통 고등어를 사용하기 때문에 우리나라에서는 고등어

터키의 길거리 음식, 케밥

케밥이라고 알려져 있죠.

한편 흑해 일대를 여행할 때면 피자와 모양이 비슷한 '피데'라고 불리는 빵을 맛볼 수 있어요. 피데는 피자와 닮은 점이 많아서 터키 사람들은 피자의 원조가 피데라고 주장한답니다. 피데는 반죽 위에 갈아 낸 소고기나 양고기, 양파, 토마토 등을 토핑한 후 오븐에 구워 내는데 값이 저렴하고 양도 푸짐하기 때문에 관광객들에게 늘 인기 만점이죠.

발록 에크멕과 피데

발록 에크멕은 이스탄불 어디서나 맛볼 수 있는 길거리 음식으로 구운 생선을 곁들인 빵이다(왼쪽).
피데는 지역에 따라 두께가 천차만별로
다양한 형태를 맛볼 수 있다(아래).

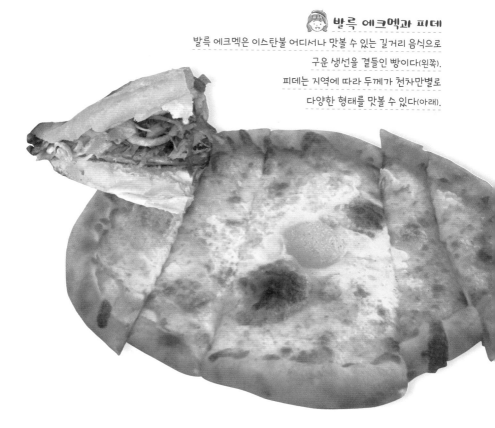

마지막으로 터키의 중앙에 위치한 아나톨리아 지방을 여행한다면 '유프카'라는 빵을 자주 볼 수 있어요. 유프카는 이스트 없이 밀가루, 물, 소금만으로 만들어 낸 납작하고 편평한 빵으로 치즈나 채소, 고기 등을 얹어 샌드위치로 만들어 먹는답니다. 그런데 유프카는 갓 만들었을 때는 부드럽지만 시간이 지나면 금세 수분을 잃어버려 딱딱하게 굳고 쉽게 부서져요. 하지만 걱정할 필요는 없어요. 딱딱해진 유프카를 물에 적시기만 하면 다시 부

유프카 이스트를 넣지 않아 편평하고 납작하다. 아제르바이잔, 이란 등 터키 주변 국가에서도 볼 수 있다.

터키의 길거리 음식, 케밥

드러운 빵으로 변하기 때문이죠. 유프카는 거의 1년 동안 저장할 수 있기 때문에 터키 사람들은 밀을 수확한 후 이웃, 친척이 모두 모여 상당한 양의 유프카를 만든답니다. 마치 우리나라에서 여러 사람이 모여 김장을 하는 것과 마찬가지죠.

그런데 터키에서는 왜 이렇게 빵 문화가 발달했을까요? 아마도 그 가장 큰 배경은 밀에 있을 거예요. 밀의 원산지는 터키 동쪽의 캅카스 지방으로, 터키에서는 아주 오래전부터 밀가루를 이용해 다양한 빵을 만들어 냈답니다.

한편 터키의 빵이 지역에 따라 모양이 다른 배경에는 터키의 다양한 기후가 있어요. 터키는 동서가 남북보다 긴 직사각형 모양으로 에게해, 지중해, 흑해로 둘러싸여 있어요. 그 결과 터키에서는 지중해성 기후, 건조 기후, 냉대 기후 등 다양한 기후가 나타나요. 그래서 터키에서는 지역마다 서로 다른 생활양식을 볼 수 있어요.

예를 들어 에게해와 지중해 일대는 여름에는 고온 건조하고 겨울에는 비교적 온화하고 습윤해 정착 생활을 하는 사람들이 많죠. 반면에 터키 내륙이나 동부 산악 지대는 건조하고 기온이 낮은 탓에 곡물 생산이 어려워 사람들은 가축과 함께 풀을 찾아 옮겨 다니는 유목 생활을 한답니다. 정착 생활과 유목 생활은 주로 먹는 빵의 모양도 다르게 만들었어요. 정착 생활을 하는 사람들은 부풀어 오른 빵을 좋아한 반면 이동 생활을 하는 사람들은 납작하고 편평한 빵을 더 선호했답니다. 부푼 빵은 부드러운 식감을 갖고 있지만 부피가 크기 때문에 이동할 때 빵을 많이 담기 어려울뿐더러 오랫동안 저장하기도 불편해요. 이런 문제를 해결하기 위해 이동 생활을 주로 하는 사람들은 빵을 납작하게 구운 후 차곡차곡 쌓아 놓는 방식을 선택했답니다.

오늘날에 이르러서는 교통의 발달과 정착민의 증가 및 기술의 발달 등으로 터키의 각 지역에서는 이전과는 다른 빵 문화가 만들어지고 있어요. 이스탄불 사람들이 터키 동남부에서 딱딱한 빵을 주문해 먹기도 하고, 동부 산악 지대에서도 집에서 부풀어오른 빵을 만들어 먹는 경우가 생겨났답니다.

이스탄불의 양고기 케밥이 맛있다고?

터키에는 관광객들을 유혹하는 음식이 상당히 많은데 그중 백미는 단연 케밥일 거예요. 긴 꼬챙이에 얇은 고기들이 겹겹이 붙은 채 천천히 돌아가는 커다란 케밥의 모습은 상당히 인상적이죠. 커다란 고깃덩어리 뒤에 있는 불로 겹겹이 쌓인 고기가 천천히 구워지면서 생겨난 갈색 빛깔과 고기 내음은

터키의 길거리 음식, 케밥

지나가는 사람들의 발걸음을 멈추게 만듭니다. 터키를 방문하는 수많은 관광객들에게 신선한 야채와 빵을 함께 먹는 케밥은 필수 코스랍니다.

케밥이란 음식 이름은 '불에 구운 고기'라는 뜻을 가진 고대 터키어에서 유래되었어요. 보통 얇게 저민 고기나 작게 썬 고기 토막 혹은 다진 고기 완자를 구워 내는데 그 종류가 상당히 많답니다. 사실 불에 구운 고기는 세계 어디에서나 볼 수 있는 음식이어서 케밥이 어디에서부터 시작되었는지 살펴보기는 어려워요. 우리나라에서 볼 수 있는 불고기도 한국식 케밥이라고 할 수 있

되네르 케밥
터키어로 회전하는 케밥이라는 뜻으로,
주로 양고기를 이용한다.

쉬쉬 케밥

케밥은 먼 옛날 유목민들이 간단하게 육류를 요리해 먹던 것으로
지금은 터키의 대표 음식이다. 땔감을 얻기 어려웠던 유목민들은
고기를 잘게 썰어 꼬챙이에 꽂아 빠르게 고기를 구워 냈다.

죠. 하지만 터키 사람들은 케밥을 터키의 독자적인 문화라고 생각하고, 케밥에 대한 자부심이 대단하답니다. 터키에서 맛볼 수 있는 케밥의 종류는 약 300개가 넘을 정도로 터키의 케밥 문화는 다른 나라를 압도하죠. 한편 우리나라 사람들이 케밥 하면 떠올리는 터키의 대표 케밥으로는 '되네르 케밥(얇게 썬 고기를 꼬챙이에 감아 돌리며 불에 구운 것)'과 '쉬쉬 케밥(작은 고기를 꼬챙이에 구워 낸 꼬치구이)' 등이 있어요.

그런데 왜 터키에서는 이런 케밥 문화가 발달했을까요? 그에 대한 대답은 땔감과 오스만 제국의 역사로 설명할 수 있어요. 우선 터키의 대부분 지역에서는 건조 기후가 나타나는데 건조 기후에서는 나무가 잘 자라지 않아요. 나무로 울창한 숲이 만들어지려면 연 강수량이 500밀리미터 이상은 되어야 한답니다. 터키는 연 강수량이 부족하기 때문에 나무가 비교적 적고 풀밭이나 밀밭 등이 넓게 펼쳐져 있죠. 넓은 풀밭은 풀을 먹는 가축에게 유리하지만 사람들에게는 불리할 때가 많아요. 가장 대표적인 것이 땔감을 얻기 어렵다는 점입니다.

오늘날에는 석탄, 석유, 천연가스 등 화석 연료를 활용하고 있지만 불과 100여 년 전까지만 하더라도 세계 대부분의 지역에서는 땔감으로 나무를 이용했어요. 땔감을 이용해 난방을 하거나 음식을 조리했는데 건조 기후가 나타나는 지역에서는 땔감을 아끼는 지혜가 필요했답니다. 케밥은 그런 자연 환경에 적응한 대표적인 요리예요. 고기를 얇고 작게 여러 조각으로 썰어 꼬챙이에 꽂아 구우면 고기를 통째로 구울 때보다 더 쉽고 빠르게 고기를 구울 수 있어요. 이처럼 고기를 작게 썰어 구워 먹는 문화는 터키뿐만 아니라 유목민의 전통이 남아 있는 지역에서 흔히 볼 수 있답니다. 건조 기후에 속하는 몽골, 중국, 이란, 이라크 등에서도 터키의 케밥과 비슷한 음식을 볼 수 있어요.

둘째로 터키가 위치한 아나톨리아 지방에서 과거에 오스만 제국이 번성했답니다. 이슬람 역사상 가장 넓은 영토를 차지한 오스만 제국의 군주는 그 위세가 가히 하늘을 찌를 정도였고 호화찬란한 생활을 했어요. 군주의 밥상도 마찬가지였는데 매일 같은 요리를 올릴 수 없다는 법칙에 따라 터키에서는 다양한 요리법이 발전했다고 해요. 이 당시에 케밥도 영향을 받아 수많은 요리 방식이 만들어졌다고 전한답니다.

한편 터키 케밥에는 절대로 사용하지 않는 재료가 있어요. 그것은 바로 돼지고기랍니다. 그리고 그 배경에는 대다수의 터키인이 믿는 이슬람교가 있어요. 이슬람교의 경전인 코란에 돼지고기를 먹지 말라고 써 있기 때문이죠. 따라서 터키 사람들은 대부분 돼지고기를 먹지 않고, 심지어 돼지기름이 들어 있어도 그 음식을 먹지 않을 정도예요. 그런데 이슬람교에서는 돼지고기 식용을 왜 엄격하게 금지했을까요? 그 이유는 이슬람교가 번성한 서남아시아에서 돼지가 그다지 유용한 동물이 아니었기 때문일 거

터키의 길거리 음식, 케밥

예요.

　우선 돼지는 땀샘이 퇴화되어 스스로 체온을 조절하기 어렵기 때문에 물가나 그늘에서 기르는 것이 좋아요. 그런데 서남아시아 지방은 기후가 건조해 물가나 숲이 부족해 돼지를 키우기에 적절한 환경이 아니에요. 둘째로 돼지는 잡식성 동물로 초식 동물과 달리 인간과 먹이를 경쟁하는 동물이랍니다. 초식 동물은 인간이 먹을 수 없는 풀을 소화하고 인간에게 우유나 고기 등을 제공해 주지만 돼지는 그와 달리 인간의 음식까지 탐내죠. 따라서 유목 생활을 하는 서남아시아 사람들에게 돼지는 그다지 유용한 동물이 아니었답니다. 마지막으로 돼지고기를 제대로 익혀 먹지 않으면 기생충이 몸속으로 들어올 수 있어요. 기생충은 충분히 열을 가해야 죽는데 가뜩이나 땔감이 부족한 서남아시아에서 돼지고기는 그다지 매력적이지 않았을 거예요.

　이처럼 다양한 이유로 서남아시아에서는 돼지고기를 부정적으로 여겼고 이슬람교에서는 돼지고기 식용을 엄격히 금지하게 되었답니다. 이런 이슬람교의 영향으로 터키에서는 돼지고기를 케밥의 재료로 거의 사용하지 않아요. 대신 케밥에 주로 사용하는 고기는 양고기예요. 양은 건조한 기후에서도 비교적 잘 적응하고 인간과 먹이를 경쟁하지도 않죠. 이 때문에 터키에서는 양을 많이 사육하고 양고기의 소비량도 많답니다.

　한편 오늘날 케밥이 터키만큼 인기를 끌고 있는 나라가 있

어요. 바로 독일이랍니다. 요즘 독일에서 케밥을 판매하는 식당
은 약 16,000개에 이르며 1년 동안 케밥을 판 가격을 모두 합하
면 약 4조 4천 억 원에 달한다고 해요. 독일에서 케밥이 유행한
이유는 외국인 이주에 있어요. 독일은 1960년대 경제 성장을 위
해 외국의 값싼 노동력을 들여왔는데 이때 많은 터키 사람들이
독일로 이주했어요. 독일에 온 터키 사람들은 터키에서 먹던 되
네르 케밥을 만들어 먹었는데, 독일 사람들도 되네르 케밥의 매
력에 빠져들었어요. 오늘날 독일에서 케밥은 국민 음식으로 맥도

터키의 길거리 음식, 케밥

날드 햄버거보다도 더 인기가 많다고 해요. 다만 양고기가 익숙하지 않은 독일 사람들은 소고기나 닭고기를 이용한 케밥을 주로 먹는다고 해요.

세계 최초의 카페가 생겨나다

터키는 빵과 케밥 이외에도 커피, 홍차, 요구르트 등 다양한 음료로도 유명하답니다. 이 중 터키의 커피 문화는 그 역사성이 세계적으로 인정돼 '터키식 커피 문화와 전통'이란 명칭으로 유네스코 인류 무형 문화유산으로 지정됐어요. 그런데 조금 이상한 점은 터키는 커피를 재배하는 나라가 아니란 거예요. 커피는 아프리카의 에티오피아고원 지대가 원산지로 열대 기후가 나타나는 적도 지방에서 주로 재배되죠. 커피를 재배하지 않는 터키에서 커피가 유명한 이유는 무엇일까요?

그 비밀의 열쇠는 오스만 제국에 있답니다. 오스만 제국은 남동 유럽과 서남아시아, 북아프리카에 걸치는 상당히 넓은 지역을 통치했는데 그 수도는 지금의 터키인 아나톨리아 지방에 위치했어요. 그 결과 유럽, 아시아, 아프리카의 사신들이나 상인들을 통해 다양한 산물이 아나톨리아 지방으로 몰려들었답니다. 아프리카에서 재배되던 커피도 이 당시에 시리아의 상인에 의해 이스탄불로 들어왔어요.

당시 커피는 터키 사람들에게 상당한 인기를 끌었답니다. 급기야 이스탄불에 '카흐베하네(커피집)'라는 이름으로 세계 최초의 카페가 문을 열기도 했죠. 당시 카페는 여러 사람들이 정치·사회 등 다양한 내용을 의논하는 중요한 소통의 장이 되었고 그 관습은 오늘날까지 이어지고 있답니다.

 터키식 커피 터키식 커피는 가루를 그대로 끓이기 때문에 커피 잔에 찌꺼기가 남는다. 터키에서는 그 흔적으로 하루의 길흉화복을 점치기도 한다.

오스만 제국 시기에 만들어진 터키식 커피의 특별한 조리 및 추출법은 오늘날까지 이어져 세계에서 가장 역사가 오래된 커피 제조법으로 인정받고 있어요. 터키식 커피는 요즘 커피와는 달리 커피콩을 미세한 분말로 갈아 낸 후 그대로 끓여 낸답니다. 달짝지근한 커피를 원하는 경우에는 커피를 끓일 때 설탕을 함께 넣어 끓이기 때문에 따로 설탕이나 스푼이 나오지 않는 것도 이색적이지요.

터키는 커피로 유명하지만 사실 요즘 터키인들이 가장 즐겨 마시는 음료는 바로 홍차랍니다. 터키에서 홍차를 차이라고 부르

차 재배 터키 북동부 리제에서는 경사면을 이용해 차 재배가 이루어지고 있다.

는데 사람들은 차이를 물처럼 마신다고 해요. 2016년을 기준으로 터키 사람들의 1인당 차 소비량은 3.16킬로그램으로 세계 1위예요. 그런데 터키에서 차가 유행한 것은 그리 오래되지 않았어요. 1차 세계 대전으로 오스만 제국이 붕괴된 이후 커피 수입이 줄어들자 터키에서는 그 대체품으로 차에 눈을 돌리기 시작했어요. 열대 기후 지역에서 자라는 커피는 터키에서 재배가 어렵지만 온대 기후 지역에서 자라는 차는 재배할 수 있다고 생각한 것이죠.

터키 사람들은 차 재배에 적합한 지역을 찾기 시작했고 다행히 건조 기후가 대부분인 터키에서 차 재배가 가능한 지역을 찾아냈어요. 바로 터키 북동부 흑해 연안의 리제라는 지역이에요. 리제는 1월에도 영상의 기온은 유지하고 연 강수량이 약 2,000밀리미터 이상으로 차 재배에 이상적이죠. 터키 사람들은 기후와 토양이 차 재배에 적합한 리제에 대단위 차밭을 만들었고, 오늘날 리제는 세계적인 홍차 생산지로 이름을 날리게 되었어요.

마지막으로 터키는 요구르트 음식 문화가 상당히 발달해 있어요. 요구르트는 양이나 소의 젖을 발효시켜 시큼한 맛이

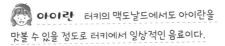
아이란 터키의 맥도날드에서도 아이란을 맛볼 수 있을 정도로 터키에서 일상적인 음료이다.

터키의 길거리 음식, 케밥

나는 음식이죠. 터키 사람들은 시큼한 요구르트를 음료로 마시거나 샐러드나 수프 등 여러 음식에 넣어 먹기도 한답니다. 요구르트는 동물의 젖에 포함된 좋은 영양분을 간직한 발효 식품으로 장기간 보관이 가능해요. 이 때문에 이동을 하며 살았던 터키의 유목민들에게 요구르트는 아주 유용했던 영양 만점의 음식이었답니다.

요구르트는 터키에서 그 역사가 상당히 오래되었는데 요구르트란 단어도 '요우르트'라는 터키어에서 유래되었을 정도이죠. 터키의 시골에서는 아직도 집에서 직접 요구르트를 만들어 먹으며 요구르트를 이용해 다양한 음식을 요리한답니다. 대표적으로 '아이란'은 요구르트에 물과 소금을 섞은 후 차갑게 만든 음료인데, 무더운 여름철 터키 사람들의 갈증을 해소해 주는 음식 역할을 톡톡히 한답니다.

달콤한 쉬쉬 케밥

{재료} 파프리카, 닭 가슴살, 익힌 메추리알, 방울토마토, 식용유,
나무 꼬치, 양념 소스(스위트 칠리소스 2스푼, 간장 1스푼, 설탕 1스푼,
올리고당 1스푼, 케첩 0.5스푼)

1. 닭 가슴살을 익힌 후 2~3cm 간격으로 잘라 주세요.
   (젓가락으로 찔렀을 때 핏물이 나오지 않고
   쑤욱 잘 들어간다면 다 익은 거예요.)

2. 각종 채소를 2~3cm 간격으로 잘라 주세요.

3. 꼬치에 준비한 식재료를 꽂아 주세요.

Tip 꼬치에 참기름을 발라 주면 잘 들어간답니다.

4. 준비한 재료를 초벌로 구워 주세요.

5. 초벌로 구운 재료에 소스를 바른 후
   살짝 구워 주세요.

6. 나만의 쉬쉬 케밥 완성!

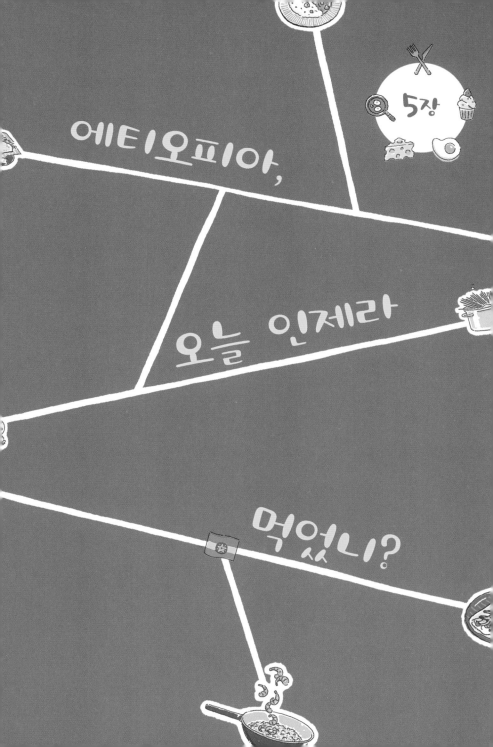

5장

에티오피아,

오늘 인제라

먹었니?

커피는
우리의 빵이다

1974년 에티오피아 동부에서 비틀즈의 노래 '루시 인 더 스카이 위드 다이아몬드'를 즐겨 듣던 미국의 인류학자들은 엄청난 것을 발견했답니다. 그것은 바로 인류의 조상으로 여겨지는 오스트랄로피테쿠스의 화석이었어요. 인류학자들은 자신들이 즐겨 듣던 노래의 일부를 따서 그 화석의 주인공을 '루시'라고 이름 지었죠. 에티오피아에서 발견된 루시는 현재까지 발견된 인류 화석 중 가장 오래된 것으로 알려져 있어요. 그런데 에티오피아에는 '가장 오래된'이라는 표현을 쓸 수 있는 것이 하나 더 있답니다. 그것은 바로 오늘날 수많은 사람들이 즐겨 마시는 '커피'입니다.

커피의 기원에 대한 이야기는 여러 가지가 있지만 가장 널리 알려진 것은 에티오피아에서 기원했다는 것이에요. 전해지는

에티오피아, 오늘 인제라 먹었니?

커피 열매
커피 열매는 익으면 붉은색을 띤다. 일반적으로
커피라고 하면 커피 열매에서 씨앗을 따로 떼어 낸 것을 의미한다.

이야기에 따르면 아주 먼 옛날 에티오피아고원에 염소를 기르던 칼디라는 목동이 있었어요. 칼디는 염소를 들판에 풀어놓았는데 평소에는 얌전하던 염소들이 들판에서 흥분한 상태로 '매~애' 하고 크게 울며 날뛰었답니다. 칼디가 자세히 보니 염소들이 들판에서 빨간 열매를 먹었는데, 그 열매를 먹은 염소들은 밤새 잠을 자지 못했다고 해요. 호기심이 강한 칼디는 빨간 열매를 직접 먹어 보았는데 몸에서 활력을 느낄 수 있었답니다.

신기한 경험을 한 칼디는 가까운 곳에 있는 정교회 수도원에 빨간 열매를 소개했어요. 하지만 정교회 수도원장은 빨간 열매를 '악마의 열매'라고 부르면서 불에 던져 버렸답니다. 그런데 그 열매가 불에 구워지면서 매혹적인 향이 퍼졌고 수도자들이 그 향에 반해 버렸다고 해요. 그중 호기심이 강한 수도자가 태운 열매에 뜨거운 물을 부어 마셔 보았는데 기분이 좋아진 것은 물론 기도할 때 졸음을 쫓아낼 수 있었죠. 이후 수도자들 사이에서 빨간 열매의 씨앗을 볶아 낸 후 물을 부어 내려 마시는 행위가 확산되었답니다. 이 행위는 점차 주변은 물론 세계 각지로 퍼져 나갔어요. 이것이 칼디가 살았던 카파(Kappa)의 지명을 따라 이름 붙여졌다고 알려진 커피에 대한 가장 대표적인 유래이죠.

커피의 원산지로 널리 알려진 에티오피아에서는 오늘날 다양한 커피가 생산되고 있어요. 예가체프, 시다모, 올레가, 리무, 하라르, 테피 및 베베카 등이 바로 그것이죠. 이들 커피는 에티오피아에서 생산된 커피의 이름인 동시에 이 커피들이 생산된 지역의 이름이에요. 그런데 에티오피아에는 왜 이렇게 커피로 유명한 지역이 많을까요? 그 비밀의 해답에는 기후와 지형이 있어요.

세계적으로 커피로 유명한 지역은 커피 벨트라고 불리는 곳에 위치한답니다. 커피 벨트는 적도를 기준으로 남·북회귀선(남위 23.5도~북위 23.5도) 사이에 위치한 지역을 말해요. 커피 벨트에 위치한 지역은 여름은 물론 겨울에도 기온이 비교적 높아 커피 재배가 가능하답니다. 하지만 커피 벨트에 있는 모든 지역에서 커피 재배가 이뤄지는 것은 아니랍니다. 커피 재배에는 강수량과

 커피 벨트

브라질, 베트남, 인도네시아, 콜롬비아, 에티오피아 등 커피로 유명한 국가들이
커피 벨트 안에 위치한다.

토양 등도 중요하거든요. 커피를 재배하기 위해서는 비가 일 년 동안 적어도 1,500밀리미터 정도는 내려야 해요. 여기에 빗물이 너무 고여 있지 않고 잘 빠지는 토양이어야 커피나무가 썩지 않고 잘 자라죠. 한마디로 좋은 커피가 자라기 위한 조건이 상당히 까다로운 편이랍니다. 그런데 에티오피아는 이런 모든 조건을 잘 갖추고 있어요. 에티오피아는 북위 약 9도 정도에 위치하고 있어 기온이 높고 강수량도 상당히 많은 편이에요. 또한 화산 활동의 영향으로 인해 물 빠짐이 좋은 화산재 토양이 나타난답니다.

커피 재배에 좋은 환경을 갖춘 에티오피아에서는 아라비카 종의 커피가 재배되고 있어요. 커피는 크게 아라비카와 로부스타로 나눠지는데 아라비카는 로부스타보다 맛과 향이 좋아 인기가 많아요. 그런데 아라비카는 기온이 너무 높아도 재배되지 않는답니다. 다행히 에티오피아는 고원 지대가 넓게 펼쳐져 있어요. 적도 부근에 위치했지만 높은 고원 지대라서 일 년 내내 봄과 가을 같은 따뜻한 기온이 유지돼요. 기후학자들은 이런 기후를 열대 고산 기후(상춘 기후)라고 부르는데, 에티오피아는 고산 기후의 영향으로 아라비카 재배에 유리하답니다. 에티오피아에서 재배된 아라비카 커피는 그 맛과 향이 뛰어나 에티오피아 사람들은 물론 전 세계 사람들에게 사랑받고 있죠.

커피 세리머니

총 세 번에 걸쳐 커피를 나눠 마신다. 첫 번째는 우애의 잔, 두 번째는 평화의 잔, 세 번째는 축복의 잔이라고 한다.

에티오피아, 오늘 인제라 먹었니?

한편 에티오피아 속담 중에 '커피는 우리의 빵이다'라는 말이 있을 정도로 에티오피아 사람들은 커피 마시는 것을 상당히 좋아해요. 에티오피아에서는 손님이 왔을 때 '커피 세리머니'를 한답니다. 커피 세리머니란 커피를 직접 볶고 갈아 낸 후 뜨거운 물로 내려 대접하는 것이죠. 이때 걸리는 시간이 약 1~2시간 정도인데 초대된 손님들은 '펀디사'라고 불리는 팝콘이나 '다보'라고 불리는 빵 등을 먹으면서 이야기를 나눠요. 팝콘과 함께 즐기는 커피 한 잔의 여유, 이것이 에티오피아 커피의 진정한 맛이 아닐까요?

인제라를 먹을 땐 오른손으로

에티오피아 사람들이 '커피는 우리의 빵이다'라고 말하지만 실제로 주식은 '인제라'입니다. 우리나라에서 "밥 먹었니?" 하는 것처럼 에티오피아 사람들은 "오늘 인제라 먹었니?"라고 안부를 묻는다고 해요. 인제라는 테프라는 곡식을 이용해 팬케이크처럼 구워 낸 음식이랍니다. 테프는 에티오피아가 원산지인 작물인데 크기가 상당히 작아요. 지름이 약 1밀리미터밖에

되지 않기 때문에 '잃어버리다'라는 뜻을 가지고 있다고 해요. 기원전 4,000년 전부터 에티오피아에서 재배된 테프는 에티오피아의 자연환경과 상당히 어울리는 작물이에요.

테프는 비교적 해발 고도가 높은 지역에서 잘 자라요. 약 1,800~2,100미터 정도 되는 높은 지역에서 자랄 때 수확량이 가장 많지요. 하지만 기온이 0도 아래로 떨어져 서리가 내리면 테프는 금방 죽어 버려요. 이 때문에 해발 고도가 비교적 높으면서도 기온이 낮지 않은 지역에서 생산량이 가장 많습니다. 에티오피아는 이런 조건을 모두 갖춘 곳으로 테프 생산에 최적지랍니다.

그런데 에티오피아가 이런 자연환경을 갖게 된 데는 동아프리카 지구대의 영향이 커요. 지구대는 땅이 갈라지면서 만들어진 넓고 깊은 계곡이랍니다. 사실 아프리카는 아주 오래전부터 오늘날에 이르기까지 계속 갈라지고 있어요. 1년에 약 3밀리미터 정도로 아주 조금씩 이동하기 때문에 잘 느끼지는 못하지만 계속 갈라지죠. 과학자들은 아주 먼 미래에 아프리카의 동쪽 부분이 완전히 떨어져 나갈 거라고 해요. 한편 동아프리카에서는 땅이 서서히 갈라지면서 다양한 변화가 나타났답니다. 화산이 터지기도 하고 땅이 솟구쳐 오르기도 한 것이죠. 대표적으로 에티오피아에서는 지구대 양 옆에 있던 땅들이 계속 밀려나면서 솟아올랐어요. 오늘날 우리는 이것을 에티오피아고원이라고 부른답니다.

동아프리카 지구대의 영향으로 에티오피아는 고원이 넓게

에티오피아, 오늘 인제라 먹었니?

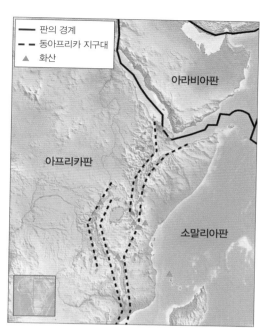

판의 경계
동아프리카 지구대
▲ 화산

아라비아판

아프리카판

소말리아판

동아프리카 지구대
동아프리카는
지각판이 갈라지는 곳이다.
화산 활동으로 형성된
킬리만자로산, 케냐산 등
높은 산들이 많다.

펼쳐져 있고 전체적으로 해발 고도가 높아요. 하지만 적도 부근
에 위치하기 때문에 일 년 내내 기온이 영하로 내려가지는 않는
답니다. 이런 자연환경 덕분에 에티오피아는 테프를 재배하기에
최적지가 되었어요. 약 100일 정도만 지나면 수확할 수 있고 가
뭄이 들어도 잘 자라는 테프는 에티오피아 사람들에게 아주 소
중한 작물이랍니다. 테프의 낟알은 에티오피아 사람들의 식량으
로, 테프의 줄기는 소와 같은 가축의 먹이로 이용되죠.

　에티오피아에서 테프를 먹는 방식은 밀가루와 비슷해요. 에
티오피아 사람들은 테프를 갈아 낸 후 물을 넣고 반죽한답니다.

미타드   가마솥 뚜껑처럼 생긴 미타드라는 요리 도구를 이용해 인제라를 만든다.

반죽 덩어리는 며칠간 실온에 두는데, 그 과정에서 발효가 이뤄져요. 테프는 글루텐이 없기 때문에 비교적 오랜 시간 발효해야 한답니다. 충분히 발효가 되어야 반죽이 끈적끈적해지고, 반죽을 구웠을 때 그나마 폭신해지거든요. 테프 반죽은 평평한 팬에 굽는데 이렇게 만든 커다란 팬케이크 같은 음식을 인제라라고 부른답니다. 인제라는 오랜 발효의 영향으로 윗면에는 구멍이 숭숭 뚫려 있고 맛은 시큼해요.

에티오피아, 오늘 인제라 먹었니?

인제라

에티오피아 사람들의 정겨운 인사. "오늘 인제라 먹었니?"

테프 반죽을 발효시켜 만든 인제라 위에

고기나 야채를 넣어 끓인 스튜를 올려 먹는다.

에티오피아 사람들은 한 번에 많은 양의 인제라를 만드는데 보통 3~4일 동안 온 식구의 밥상을 책임진답니다. 에티오피아에서 인제라를 먹는 방식은 마치 우리나라에서 밥에 반찬을 올려 먹는 것과 비슷해요. 인제라 위에 채소와 고기 등을 올려놓고 다양한 소스를 곁들여 먹죠. 이때 사람들은 손으로 음식을 집어 먹는데, 꼭 오른손을 사용한답니다. 혹시라도 인제라를 먹을 기회가 생긴다면 오른손으로 음식을 싸 먹어 보세요. 그 손맛에 빠져들 거예요.

에티오피아 정교회는 금육을 철저히 지켜

적도 가까이에 있지만 고원이 발달한 에티오피아에는 곳곳에 풀밭이 넓게 펼쳐져 있어요. 넓은 풀밭은 에티오피아 유목민들이 소나 염소 등을 기르는 삶의 터전이랍니다. 하지만 이 풀밭은 사계절 내내 푸르지만은 않아요. 에티오피아는 우기와 건기가 뚜렷하게 나타나기 때문에 풀이 자라는 시기가 정해져 있답니다. 비가 많이 오는 우기에는 풀밭이 드넓게 펼쳐지지만 건기에는 풀이 죽고 땅이 속살을 드러내죠. 소나 염소 등

에티오피아, 오늘 인제라 먹었니?

에게 먹일 풀이 부족한 건기가 되면 유목민들은 풀을 찾아 이동한답니다. 유목민뿐 아니라 시골의 농부들도 소나 염소 등을 키우는데 우기에는 주변의 풀밭에서 소나 염소 등에게 풀을 먹이고 건기에는 테프를 추수하고 남겨진 줄기를 이용해요. 이렇게 에티오피아 여기저기에서는 소나 양을 키우는 목축 문화가 발달했어요. 그 결과 에티오피아는 아프리카에서 소를 가장 많이 기르는 나라가 되었답니다.

그런데 이상하게도 에티오피아 사람들은 소고기를 그렇게 많이 먹지는 않아요. 1인당 소고기 소비량은 우리나라의 약 1/4 정도로 적답니다. 그렇다고 해서 다른 고기를 더 많이 먹는 것도 아니에요. 돼지고기는 거의 먹지 않으며 양고기나 닭고기 같은

유목 우기와 건기가 뚜렷한 에티오피아에서는 유목 생활을 하는 사람들이 많다.

육류 소비량도 상당히 적어요. 에티오피아 사람들이 이렇게 고기를 적게 먹는 이유는 종교에서 찾을 수 있답니다.

에티오피아 사람들은 대부분 에티오피아 정교회(약 44퍼센트)와 이슬람교(약 34퍼센트)를 믿어요. 이중 에티오피아 정교회는 고기를 먹지 않는 금육을 철저히 지킨답니다. 수요일과 금요일에 금육을 하고 이외에도 다양한 시기에 금육을 하죠. 1년을 기준으로 금육을 하는 기간이 약 200일이 될 정도라고 해요. 금육 기간이 상당히 길기 때문에 자연스럽게 육류의 소비량이 적은 편이에요.

특히 돼지고기는 에티오피아 정교회와 이슬람교를 믿는 사람들이 공통적으로 먹지 않는답니다. 에티오피아 정교회는 구약 성서를 중요하게 여기는데 구약에는 '돼지는 굽이 갈라지고 그 틈이 벌어져 있지만 새김질을 하지 않으므로 너희에게 부정한 것이다. 너희는 이런 짐승의 고기를 먹어서도 안 되고, 그 주검에 몸이 닿아서도 안 된다'라고 쓰여 있어요. 구약 성서의 배경은 무덥고 건조한 서남아시아 지역으로 돼지를 키우기에 적합하지 않았죠. 따라서 서남아시아 지역에서 기원한 이슬람교, 유대교 등은 물론 구약 성서를 중요하게 여기는 에티오피아 정교회에서도 돼지고기를 먹지 않는답니다.

한편 에티오피아에서는 소고기를 많이 먹지 않지만 독특한 소고기 음식 문화가 있어요. 우리나라의 육회처럼 날 것 그대로 소고기를 먹는 것이죠. 우선 가장 널리 알려진 것으로 '끄뜨포'라는 음식이 있어요. *끄뜨포*는 생고기를 갈아 낸 후 향신료와 버터를 섞어 만들어요. 이 음식은 유목 생활을 주로 했던 구라게족의 전통 음식이었는데 점차 에티오피아 전역으로 퍼졌답니다. 다음으로 생고기를 그대로 먹는 '뜨레 스가'라는 음식도 있어요. 뜨레 스가는 날 것 그대로의 소고기를 썰어 낸 음식으로 그냥 먹거나 매운 소스에 찍어 먹는답니다.

에티오피아에서 뜨레 스가를 먹기 시작한 역사적 배경으로는 크게 두 가지 이야기가 전해져요. 노동자들이 탑을 만들다가 시간을 절약하기 위해 먹었다는 설과 전쟁 중에 불을 피울 수 없어 그냥 먹었다는 설이죠. 어떤 이야기가 진실인지는 아직 밝혀지지 않았지만 한 가지 정확한 사실이 있어요. 바로 에티오피아에는 생(生) 소고기를 먹는 문화가 있다는 것이죠.

끄뜨포

소스처럼 보이지만 생고기를 갈은 후 향신료와 버터에 재워 만든 음식이다. 일반적으로 소고기로 만들지만 염소 고기로 만들기도 한다.

6장

냠냠냠,

타이식 샐러드

얌을 먹어 볼까?

카오! 타이의 메뉴판을 점령하다

타이 음식점에서 메뉴판을 펼치면 카오라는 단어가 참 많이 보인답니다. 카오 팟, 카오 똠, 카오 소이, 카오 랏, 카오 만까이, 카오 나 뻿, 카오 모 댕, 카오 카 무, 카오 옵 싸빠롯… 하지만 긴장하지 마세요. '카오'라는 단어는 바로 쌀이라는 뜻이거든요. 마치 우리나라에서 볶음밥, 짜장밥, 카레밥, 비빔밥처럼 쌀을 이용한 음식에 밥이 붙는 것과 마찬가지이지요. 그런데 타이에서는 왜 이렇게 쌀로 만든 음식이 많을까요?

가장 큰 이유로는 기후와 토양의 영향을 들 수 있어요. 우선 타이는 적도와 북회귀선 사이에 위치해서 일 년 내내 월 평균 기온이 18도 이상인 열대 기후가 나타나요. 여기에 덧붙여 계절풍의 영향으로 5~10월에는 비가 많이 내리지만, 11~4월에는 건조해진답니다. 이런 계절적 특성이 나타나는 곳에서는 벼를 재배하

냠냠냠, 타이식 샐러드 얌을 먹어 볼까?

송끄란 축제

타이는 연중 기온이 높지만 그중에서 가장 더운 시기는 4월이다.
이때 서로에게 물을 뿌리며 더위를 식히는 송끄란 축제가 열린다.

기가 좋아요. 고온 다습한 시기에는 벼가 잘 자라고 건조한 계절
에는 쌀을 수확하기에 유리하기 때문이죠.

한편 비가 너무 많이 내리면 빗물에 유기 물질이 씻겨 나가
농작물을 기르기 어려운 땅으로 변하기도 해요. 이 때문에 열대
기후 지역이라고 해서 모두 벼농사가 발달하지는 않아요. 하지만
타이에는 짜오프라야강이 있어요. 북부 산지에서 발원하여 방콕
을 가로질러 타이만으로 흘러 들어가는 짜오프라야강은 평상시
에는 평온하지만 비가 내리는 계절에는 무섭게 변해 평지를 덮
친답니다. 짜오프라야강의 범람으로 사람들은 홍수 피해를 입지
만 물속에 있던 많은 영양분들이 강 주변 토양에 차곡차곡 쌓이

죠. 오랜 시간 동안 주기적으로 이루어진 짜오프라야강의 범람으로 타이의 토양은 영양분이 풍부한 비옥한 토양으로 바뀌었어요. 이렇게 기후와 지형 측면에서 벼농사가 유리한 타이에서 자연스럽게 쌀로 만든 음식 문화가 발달했겠죠.

타이의 여러 가지 카오 음식 중에서 가장 대표적인 음식은 바로 카오 팟이에요. 카오 팟은 '쌀'을 의미하는 카오에 '볶는다'를 의미하는 팟이 합쳐진 음식으로 타이식 볶음밥을 말한답니다. 타이에서는 볶음밥에 다양한 향신료로 맛을 내고 여러 가지 부재료를 넣어 그 맛을 극대화시키죠. 코코넛이 들어가면 카오 팟 마프라오, 파인애플이 들어가면 카오 팟 쌉빠롯, 새우가 들어가면 카오 팟 꿍이라고 불러요. 타이식 볶음밥인 카오 팟은 들어가는 재료에 따라 그야말로 무궁무진하게 변하죠.

그런데 타이에서는 왜 이렇게 향신료가 들어간 볶음밥 문화가 발달했을까요? 그 배경에는 기후와 지리적 위치 등의 영향을 들 수 있어요. 타이는 열대 계절풍의 영향으로 고온 다습한 기후가 나타난답니다. 여기에 하천이 발달하여 물줄기에서 만들어지는 수증기의 양도 상당해요. 타이의 수도인 방콕의 연 평균 습도는 79퍼센트에 달할 정도죠. 이렇게 기온이 높고 대기 중 습도가 높으면 음식물이 쉽게 부패해요. 따라서 음식의 부패를 늦추는 방식이 고안되었는데 그것이 바로 음식을 볶는 것이랍니다.

밥을 포함한 다양한 식재료를 기름에 볶는 과정에서 밥알이

카오 팟 쌉빠롯

카오 팟은 타이식 볶음밥을 말하는데 카오는 '쌀',

팟은 '볶는다'를 의미한다. 카오 팟 쌉빠롯은 파인애플 과육이

들어간 볶음밥으로 파인애플 껍질을 그릇으로

이용하기도 한다.

기름으로 코팅되고 수분이 증발하면서 보존성이 높아져요. 여기에 향신료가 더해지면서 보존성이 더 높아지고 맛도 더 좋아진 답니다. 특히 타이에서 주로 먹는 쌀은 끈적끈적한 정도가 적은 인디카종인데 밥알 사이사이로 기름이 잘 스며들어 볶기에도 좋아요. 열대 기후가 나타나는 타이는 코코넛, 팜 같은 기름을 짜는 여러 식물들을 재배하기에 유리했어요. 그 결과 식물성 기름도 풍부했고, 타이에서는 식물성 기름을 이용해서 음식을 볶는 문화가 발달했답니다.

인디카종
끈적끈적한 정도인 찰기가 적어 밥알이 잘 붙지 않아 볶음 요리에 유리하다. 찰기가 있는 자포니카종을 먹는 우리나라 사람들에게는 낯설지만, 전 세계 쌀 소비량의 약 90퍼센트를 차지한다.

사실 기름에 음식을 볶거나 향신료를 많이 사용하는 방식은 타이의 전통 조리 방식은 아니에요. 볶음 요리는 동아시아인 중국에서 처음 고안되었고, 향신료는 남아시아인 인도에서 주로 사용됐답니다. 타이는 그 두 문화권 사이인 동남아시아에 위치해 두 문화권에서 발달한 조리 방식을 모두 접할 수 있었죠. 타이에서는 두 음식 문화의 장점을 적절히 융합해 향신료를 곁들인 볶음밥이라는 새로운 음식 문화를 재창조했답니다.

타이의 카오 팟은 타이의 독특한 양념만 준비되면 만들기도 쉽고 그 맛도 뛰어나 세계인들에게 큰 인기를 끌고 있어요. 우리나라의 대형 마트에서도 카오 팟의 양념을 팔기도 하죠. 오늘 저녁 집에서 고슬고슬 볶아 내는 타이식 볶음밥 카오 팟 한 그릇 어떠세요?

맛있는 타이 요리의 비밀, 남 쁠라

타이 요리에서 빠지지 않고 들어가는 재료가 있답니다. 그것은 바로 물고기를 발효시켜 만든 피시 소스 '남 쁠라'예요. 타이에서는 생선을 잡으면 소금에 절인 후 약 1년 정도 숙

남 쁠라

'남'은 물, '쁠라'는 생선을 의미한다.
남 쁠라에 고추, 레몬즙 등을 섞어 만든
프릭 남 쁠라는 타이의 대표 양념장이다.

성 및 발효를 시킨답니다. 그러면 감칠맛이 풍부한 맑은 액체가 만들어지는데 이것을 남 쁠라라고 불러요. 타이의 대표 음식인 카오 팟, 팟 타이, 똠 얌 꿍 등을 만들 때 남 쁠라는 빠지지 않고 들어가죠. 심지어 남 쁠라가 들어간 음식을 먹을 때에도 남 쁠라로 양념장을 만들어 찍어 먹을 정도죠. 마치 우리나라에서 콩을 발효시켜 만든 간장이나 된장 등을 넣어 음식을 만들고 양념장을 찍어 먹는 것과 마찬가지랍니다. 그런데 타이 사람들은 왜 이렇게 남 쁠라를 많이 먹을까요?

남 쁠라와 같은 피시 소스 문화는 동남아시아 일대에 상당히 널리 퍼져 있어요. 베트남에서는 느억 맘, 캄보디아에서는 뜩 뜨러이, 미얀마에서는 응안 퍄 이, 인도네시아에서는 크찹 이칸이라는 피시 소스를 즐겨 먹는답니다. 이렇게 동남아시아 여러 지역에서 피시 소스를 만들어 먹는 문화가 발달한 배경으로는 지리적 영향을 들 수 있어요. 동남아시아는 과거 가까이에 있던 중국 및 인도와 교역을 통해 다양한 문물을 교류했답니다. 그중

남냠냠, 타이식 샐러드 얌을 먹어 볼까?

에 하나가 바로 중국에서 만들었던 피시 소스였죠.

중국과의 교역을 통해 도입된 피시 소스는 수산물 천국인 동남아시아의 여러 나라들에게 상당히 매력적이었어요. 타이, 베트남, 캄보디아, 인도네시아 등 동남아시아의 여러 나라들은 바다와 접해 있거나 짜오프라야강, 메콩강과 같은 커다란 강이 유유히 흘러 물고기를 많이 잡을 수 있었답니다. 동남아시아의 여러 지역에서는 자연스럽게 바다와 강에서 잡은 다양한 수산물을 음식으로 활용했지요. 그런데 풍부한 수산물 뒤에는 어두운 그림자도 있었어요. 고온 다습한 기후 때문에 수산물이 금방 썩어 버렸다는 것이죠. 오래전부터 동남아시아에서는 그물로 물고기를 많이 잡았지만 냉장 시설이 없었던 시기에 한꺼번에 소비하기 어려웠답니다. 이에 동남아시아의 여러 지역에서는 수산물의 보존성을 높이기 위해 중국에서 전해진 발효 방식을 이용하기 시작했어요. 그리고 피시 소스는 동남아시아 여러 지역에 널리 퍼져 동남아시아를 대표하게 되었답니다.

피시 소스는 수산물에 소금을 넣고 발효시켰기 때문에 소금기의 짠맛과 글루탐산이 내는 감칠맛을 동시에 느낄 수 있어요. 맹맹한 쌀밥을 먹을 때 피시 소스를 조금만 끼얹더라도 적절히 간이 배고 자꾸 손이 가는 감칠맛 때문에 식욕이 금방 올라가죠. 특히 피시 소스는 레몬그라스, 민트, 고수, 생강, 바질 등 강렬한 향을 내는 다양한 식재료와 궁합이 맞아 음식의 맛을 깊게 만들

었답니다. 동남아시아의 여러 식재료와 잘 어울렸던 피시 소스는
동남아시아 사람들에게 도저히 거부할 수 없는 맛을 선사했어요.
타이에서도 마찬가지였죠. 오늘날 타이에서 피시 소스는 '남 쁠
라'라는 이름으로 대부분의 음식에 사용되며 사랑받고 있답니다.

타이의 수산 시장 최근 냉장 시설의 발달, 얼음의 공급 증가 등으로
신선한 수산물을 식재료로 이용하는 경우가 증가하고 있다.

타이에서 얌을 즐겨 먹는 이유는?

우리나라에서 '냠냠'은 맛있는 음식을 먹을 때 쓰는 표현이죠. 하지만 타이에서 '얌' 혹은 '냠'이라고 하면 '섞다, 비비다'의 뜻을 담은 타이식 샐러드를 말해요. 얌은 타이의 대표적인 반찬으로 우리나라에 김치가 있다면 타이에는 얌이 있죠. 레몬그라스, 고수, 바질, 박하 등의 허브와 양파, 육두구, 갈랑갈, 생강, 타마린드, 고추 등의 향신료에 남 쁠라, 라임 주스, 설탕 등을 넣으면 매콤, 새콤, 달콤, 짭짤한 맛이 어우러진 얌이 만들어진답니다. 얌은 재료를 다양하게 넣을 수 있기 때문에 만드는 사람의 취향에 따라서 원하는 맛을 이끌어 낼 수 있어요. 하지만 전체적으로는 허브와 향신료의 결합으로 시큼하고 제법 맵고 향이 강한 편이랍니다.

그런데 타이에서는 왜 이렇게 얌을 즐겨 먹을까요? 가장 큰 이유는 기후에 있어요. 우선 동남아시아는 고온 다습한 기후로 음식이 쉽게 상한답니다. 이 때문에 음식의 부패를 막기 위해 다양한 노력이 이루어졌어요. 생선과 같은 경우는 남 쁠라처럼 발효를 해서 유통 기한을 길게 만들었어요. 이에 비해 채소는 발효의 방식보다는 필요할 때 적당한 양을 버무리는 방식을 선호했답니다. 채소를 일 년 내내 기를 수 있는 기후의 영향으로 굳이 발효를 할 필요를 느끼지 않았던 것이죠. 마치 우리나라에서 가장 따뜻한 제주도에서 김장 문화가 발달하지 않은 것과 마찬가지예요. 발효는 하지 않더라도 채소의 보존 기간을 늘릴 필요는 있었기 때문에 다양한 향신료로 버무리는 얌이라는 타이식 샐러드를 만들었겠죠. 얌에 들어간 향신료는 채소의 부패 속도를 늦춰 줬답니다.

둘째로 동남아시아는 무덥고 습한 기후 때문에 가만히 있어도 땀이 절로 흘러나와요. 땀은 주로 기온이 높은 환경에서 체온을 낮추기 위해 분비되는데 몸속의 수분과 전해질 성분이 같이 배출되죠. 이 때문에 무더위로 땀을 많이 배출할 때는 수분과 함께 미네랄, 비타민 등을 섭취해 주는 것이 좋아요. 미네랄과 비타민은 각종 채소에 상당히 많이 들어 있는데 타이는 일 년 내내 기온이 높아 채소 재배에 유리했어요. 더군다나 육두구, 갈랑갈, 생강, 타마린드, 고수 등 독특한 향신료가 많이 재배되었죠. 이에 타이에서는 신선한 야채에 향신료를 섞어 먹는 얌이라는 타이식 샐러드를 통해 각종 미네랄과 비타민을 섭취했답니다.

얌은 다양한 향신료가 뒤섞여 밥반찬으로도 상당히 좋았어요. 우리나라에서 김치를 먹는 것과 마찬가지이죠. 이외에도 고기나 해산물에 얌을 섞어 내면 육류의 잡내와 생선의 비린내도 감춰 준답니다. 얌에는 고기나 해산물 등 여러 식재료가 들어가는데 그 재료에 따라서 다양하게 불려요. 돼지고기 소시지를 넣으면 얌 무여, 해산물을 넣으면 얌 탈레, 당면으로 무치면 얌 운센, 라면을 넣어 무치면 얌 마마라고 하죠.

한편 얌이라는 단어가 들어간다고 해서 꼭 샐러드만 의미하는 것은 아니에요. 타이 음식 중 가장 유명한 똠 얌 꿍에도 '얌'이라는 단어가 들어가죠. 똠 얌 꿍은 똠(시다), 얌(섞다), 꿍(새우)이라는 단어를 합쳐 만든 스프의 이름이에요. 간단하게 말하자면 '새우를 넣어 시큼하게 만든 샐러드 스프'랍니다. 우리나라에서 김치찌개를 만들어 먹듯

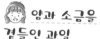

얌과 소금을 곁들인 과일

얌은 타이의 대표 반찬류이다.
새콤달콤한 샐러드가 무더위에
잃어버린 입맛을
되돌려 준다(오른쪽).
타이에서는 과일을 소금에
찍어 먹으면서
수분과 나트륨을 섭취한다(아래).

타이에서는 얌에 들어가는 재료와 새우를 넣어 매콤하면서도 신

스프를 만들었는데 그것이 바로 똠 얌 꿍이랍니다. 세계 사람들

얌 무여, 얌 운센, 똠 얌 꿍

얌 무여는 돼지고기를 가공하여 만든 소시지와 새콤 매콤한 샐러드가 어우러져

큰 인기를 끌고 있다(위). 얌 운센은 당면을 넣은 얌이다(가운데).

똠 얌 꿍은 매운맛, 단맛, 짠맛, 신맛을 모두 느낄 수 있는

타이의 대표 스프이다(아래).

냠냠냠, 타이식 샐러드 얌을 먹어 볼까?

에게는 새우가 들어간 똠 얌 꿍이 가장 인기가 많지만, 타이에서는 새우 말고도 다양한 재료를 넣는답니다. 닭고기를 넣은 똠 얌 까이, 생선을 넣은 똠 얌 쁠라, 해산물을 넣은 똠 얌 탈레 등 다양한 이름으로 부르죠.

한편 타이는 무더운 나라이지만 차가운 음식보다는 따뜻한 음식이 발달했어요. 무더운 날씨에 차가운 음식을 먹으면 쉽게 탈이 날 수 있기 때문에 오히려 끓이거나 볶아서 먹는 문화가 발달했답니다. 마치 우리나라에서 여름철에 이열치열로 따뜻한 음식을 먹는 것과 마찬가지예요. 타이에서 무더위에 지칠 때 매콤하면서도 신맛이 어우러진 따끈한 국물이 일품인 똠 얌 꿍은 활력을 불어넣어 준답니다.

채소가 가득 파인애플 볶음밥

{채료} 밥 2공기, 달걀 2개, 칵테일 새우, 파인애플 통조림, 양파, 파, 파프리카, 멸치 액젓, 굴 소스, 식용유, 소금 약간

1. 파프리카, 양파, 파, 파인애플을 썬 다음,
   체에 밭쳐 파인애플의 물기를 빼 주세요.

2. 식용유를 두른 팬에 양파,
   파프리카, 파를 볶아 주세요.

3. 양파 색이 투명해지면 소금을 약간 넣고
   칵테일 새우를 넣고 볶아 주세요.

4. 새우가 익으면 파인애플과
   달걀과 밥을 넣고
   잘 볶아 주세요.

5. 밥을 볶을 때 굴 소스 1큰술,
   멸치 액젓 1큰술을 넣어 주세요.

6. 밥을 예쁜 그릇에 담아 내면
   타이식 파인애플 볶음밥 완성!

7장

집집마다
다양한
커리의 맛,
인도

소기름 때문에
전쟁이 일어났다고?

　　　　　　1857년 영국 동인도 회사에 고용된 인도 용병
들이 영국에 맞서 총과 칼을 들었어요. 세포이 항쟁이라고 불리
는 이 대규모 봉기는 영국이 탄약통을 소나 돼지의 기름을 사용
해 만들었다는 소문 때문에 촉발됐답니다. 당시 세포이 용병들은
탄약통을 입으로 뜯어낼 때 자신들의 입에 소나 돼지의 기름이
묻었다는 것에 경악을 금치 못했어요. 세포이 용병들은 대부분
힌두교나 이슬람교를 믿었기 때문에 큰 충격을 받았던 것이죠.
소를 신성하게 여기는 힌두교도들에게는 소의 기름이, 돼지를 불
경하게 여기는 이슬람교도들에게는 돼지의 기름이 입에 닿는다
는 것 자체가 매우 수치스러운 일이었답니다. 그간 영국인들에게
차별 대우를 받았던 세포이 용병들은 종교적 갈등을 계기로 인
도 전역에서 봉기했고 이는 인도 역사의 중요한 한 장면으로 남

집집마다 다양한 커리의 맛, 인도

게 됩니다.

이처럼 인도에서는 종교와 관련된 삶이 역사의 중요한 장면을 연출하는 경우가 많아요. 인도의 역사에서 종교가 중요했던 이유는 다양한 종교들이 인도에서 기원하거나 발전했기 때문일 거예요. 인도에서 기원한 종교로는 힌두교, 불교, 자이나교, 시크교 등이 있고 과거 무굴 제국 시기에는 이슬람교가 국교였을 정도로 이슬람교는 인도에서 상당히 인기를 끌었죠. 물론 오늘날에는 이슬람교를 믿는 사람들이 인도에서 분리 독립해 파키스탄과 방글라데시를 세우면서 이슬람교를 믿는 사람들이 줄어들었지만 아직도 인도에는 이슬람교를 믿는 사람들이 많답니다.

한편 오늘날 인도에서 가장 많은 사람들이 믿는 종교는 힌두교예요. 힌두교는 기독교와 이슬람교 다음으로 세계에서 신도 수가 많은 종교인데 신도 대부분은 인도에 거주하고 있답니다. 인도에서 힌두교를 믿는 사람은 약 10억 명 정도로 그 수가 어마어마하죠. 힌두교는 고대 인도의 브라만교와 민간 신앙이 융합해 발전한 종교로 여러 신들의 존재를 인정한답니다. 심지어 동물에도 신이 깃들어 있다고 할 정도로 흰 암소가 대표적이에요. 힌두교 교리에 따르면 흰 암소는 '풍요의 상징'이랍니다. 인도에서는 소를 신성시하기 때문에 함부로 도축할 수 없죠. 이 때문에 인도의 거리에서 소들이 활보하고 이를 피해 다니는 차들을 보는 것은 그다지 낯선 풍경이 아니랍니다.

그런데 힌두교에서는 왜 소를 신성하게 여길까요?

　　사실 아주 오래전 초기 힌두교에서는 축제 기간에 소를 잡아 나눠 먹기도 했어요. 힌두교 경전인 『베다』에는 '유목민이 축제에서 암소를 도살하고 먹었다'고 적혀 있기도 하죠. 하지만 인도에서 농경 문화가 확산되고 인구가 증가하면서 소를 먹는 문화는 점차 사라졌답니다. 소는 무거운 쟁기를 끌어 논과 밭을 갈아 줬고 잘 말린 소똥은 부족한 땔감의 대체품으로 아주 좋았죠. 특히 소가 제공해 주는 신선한 우유와 버터 등은 훌륭한 영양식이었답니다. 이처럼 소의 다양한 장점을 접한 인도인들은 점차 소를 잡아 먹기보다는 이용하는 것이 더 낫다고 여겼죠. 그래서 힌두교에는 소를 신성시하고 소고기를 먹지 않는 교리까지 생겨난 거예요.

타지마할

무굴 제국 시기에 지어진 무덤이다.
둥근 돔, 첨탑 등 이슬람교의 양식과
연꽃 무늬와 같은 힌두 양식을
동시에 볼 수 있다.

맛있는 달에 빠져 볼까?

 인도 사람들은 세계에서 고기를 가장 적게 먹는답니다. 인도 사람들의 1인당 연간 육류 소비량은 3.69킬로그램으로 세계에서 제일 적어요. 인도 정부의 조사에 따르면 고기를 아예 먹지 않는 사람이 23~37퍼센트에 이를 정도라고 해요. 인도의 인구가 약 13억 명이니 약 3억 명 이상이 채식주의자인 셈이죠. 그런데 인도 사람들은 왜 이렇게 고기를 적게 먹을까요? 그 이유로 종교와 단백질 대체 음식을 생각해 볼 수 있어요.

우선 인도에서는 대부분의 사람들이 종교를 갖고 있답니다. 다양한 종교 중에서 가장 많이 믿는 종교는 힌두교이지만, 이슬람교, 불교, 자이나교 등을 믿는 사람들도 상당히 많답니다. 그런데 이들 종교에는 비슷한 점이 있어요. 바로 고기를 먹는 것에 대한 금기가 있다는 점이에요.

힌두교를 믿는 사람들은 소를 신성하게 여겨 소고기를 먹지 않고, 이슬람교를 믿는 사람들은 돼지를 불경하게 여겨 돼지고기를 먹지 않죠. 여기에 불교, 자이나교 등도 교리에 따라 육식을 경계하거나 금지한답니다. 특히 자이나교의 경우 생명 존중 사상을 강조하는데 이런 사상은 자이나교를 믿지 않는 여러 인도 사람들에게도 영향을 주었답니다. 이렇게 인도의 여러 종교에서 육식

130

에 대한 금기가 있다 보니 인도에서는 자연스럽게 채식주의자가 증가하게 됐답니다.

그런데 고기를 먹지 않는 채식주의자들에게는 치명적인 문제가 발생할 수 있어요. 바로 인간의 몸을 구성하는 기본 물질인 단백질 부족 문제이죠. 단백질은 보통 고기에 많이 함유되어 있기 때문에 인도처럼 채식을 주로 하는 사람들이 많은 문화권에서는

자이나교

비폭력을 중요하게 여기며 살생을 금지한다. 생명을 중요하게 여겨
육류는 물론이고 감자와 같은 뿌리 작물도
먹지 않는다.

단백질 부족 문제가 발생할 수 있어요. 단백질은 인간의 몸을 구성하는 근육은 물론 피부, 가죽, 털 등의 주성분이고 생명 유지에 필수적인 일부 호르몬도 단백질로 구성되어 있답니다. 단백질은 이렇게 인체에 가장 기본적인 물질이기 때문에 섭취가 부족하면 생명을 유지하기가 어려워요. 이 때문에 고기를 먹지 않는 인도의 채식주의자들은 고기가 아닌 다른 방식으로 무조건 단백질을 섭취해야만 했죠. 다행히 인도에는 고기를 대신해 단백질을 제공해 줄 수 있는 우유와 콩이 풍부했답니다.

인도에서는 암소를 숭배했는데 인도 사람들은 암소에게서 우유는 물론이고 치즈, 버터, 요구르트 등 다양한 유제품을 얻을 수 있었어요. 우유는 그 자체에도 단백질이 있지만 치즈, 버터, 요구르트 등으로 가공하는 경우 단백질이 증가하기 때문에 채식을 주로 하는 인도 사람들에게 상당히 유용했답니다. 인도 사람들은 이런 유제품들을 이용해 다양한 음식을 만들어 먹었는데 그중 단연 백미는 '파니르'라고 불리는 치즈일 거예요. 파니르는 원유에 버터밀크나 요구르트를 넣어 응고시켜 만든 치즈로 우리나라 사람들이 즐겨 먹는 두부와 식감이나 생김새가 비슷해요. 요리법도 비슷해 인도에서는 파니르를 국물 요리는 물론이고 볶음 요리, 구이 요리 등에도 넣어 먹는답니다.

이외에도 인도에서는 콩을 이용한 요리도 상당히 발달했어요. 콩은 '밭에서 나는 고기'라고 불릴 정도로 단백질을 많이 함유

 **파니르 버거와 마타르 파니르**

인도의 맥도날드에서는 채식주의자를 위한 버거를 판매한다.
파니르 버거는 빵 사이에 고기 대신 파니르(치즈)를 넣는다(위).
마타르는 완두콩을, 파니르는 인도식 치즈를 의미한다. 완두콩으로 만든
커리에 파니르를 넣은 음식이다(아래).

하고 있죠. 이 때문에 채식주의자들은 콩으로 부족한 단백질을
보충한답니다. 그런데 콩에서 단백질을 얻을 때 주의할 점이 있
어요. 콩을 날로 먹으면 항트립신이라는 물질 때문에 소화가 되
지 않을 뿐더러 단백질 흡수도 잘 안 된답니다. 하지만 콩을 가열
하거나 발효시키면 콩은 그야말로 '단백질의 보고(寶庫)'로 변신

해요.

인도 사람들은 아주 오래전부터 콩을 즐겨 먹었는데, 콩을 익히거나 발효시키는 등 다양한 방법으로 요리해 단백질을 섭취해 나갔답니다. 콩을 삶거나 구워 낸 요리를 만들거나 콩가루와 밀가루를 섞은 반죽을 부쳐 먹기도 해요. 심지어 콩을 튀긴 후 튀긴 콩에 소금을 뿌린 과자를 즐겨 먹는답니다. 이렇게 인도에서는 콩을 다양한 방식으로 먹는데 그중 가장 대표적인 음식을 꼽으라면 '달'이라는 음식을 들 수 있어요.

달은 반으로 갈라 손질한 콩을 의미하지만 달로 만든 수프도 '달'이라 부른답니다. 달은 콩을 오랫동안 삶아 만들기 때문에 식감이 부드러워요. 부드럽고 맛난 달은 단백질을 제공해 주는 좋은 음식이랍니다.

전통 방식으로 만드는 달은 콩을 불려서 적당하게 삶아 내야 했기 때문에 거의 한나절 동안 준비해야 먹을 수 있었어요. 이때문에 인도 사람들에게 달은 기념할 만한 날에 먹는 음식으로 보통 생일이나 결혼식, 국경일 등에 먹었죠. 하지만 오늘날에는 압력솥이 전해지고 조리 기술이 발달하면서 달을 만드는 데 걸리는 시간이 줄어들었고 그 결과 매일 달을 먹는 사람들이 크게 늘었답니다.

달을 먹는 방법은 다양하지만 보통 인도식 빵인 로티나 도사를 달에 찍어 먹거나 밥 위에 조금씩 달을 얹어 먹으면 된답니다. 오늘날 인도에서 달은 상당히 대중적인 음식이기 때문에 어디서나 쉽게 접할 수 있어요. 인도를 여행할 때면 달! 달! 달을 되뇌어 보세요. 색다르면서도 맛있는 달의 세계로 빠져들 거예요.

마살라, 혼합된 향신료

인도는 향신료 천국으로 널리 알려진 나라랍니다. 이런 향신료의 존재를 알았던 아랍 상인들은 먼 옛날 향신료 무역으로 큰 부(富)를 축적하기도 했죠. 아랍 상인들은 인도에서 향신료를 사서 유럽 사람들에게 비싼 값에 팔았답니다. 향신료에 매혹된 유럽 사람들은 향신료를 어디에서 구할 수 있는지 물었지만 아랍 상인들은 철저히 인도의 위치를 비밀에 부쳤죠. 하지만 결국 유럽 사람들은 향신료의 천국이었던 인도를 알게 되었고 인도로 가는 길을 개척하기 시작했어요. 그 과정에서 아메리카 대륙이 발견되었죠.

아메리카 대륙을 처음 발견한 콜럼버스는 아메리카 대륙을 인도로 여겨 당시 아메리카 대륙에 살던 원주민을 인디언으로, 아메리카 대륙 중간에 위치한 섬들을 서인도 제도로 불렀는데 오늘날까지 그 이름이 쓰이고 있답니다.

　이렇듯 인도는 유럽 사람들에게는 꼭 가고 싶은 향신료 천국이었어요. 실제로 오늘날 인도는 세계에서 향신료 시장이 가장 발달한 나라랍니다. 세계의 진귀한 향신료는 모두 인도의 향신료 시장에서 거래되고 있죠. 인도에서 기원한 후추, 생강 등을 비롯해 정향, 육두구, 고추 등 인도가 아닌 다른 지역이 원산지인 향신료도 인도의 시장에서 거래되고 있어요. 그런데 인도는 어떻게 세계적인 향신료 시장이 되었을까요? 그 배경에는 유리한 기후와 무역의 발달이 있답니다.

　우선 인도는 열대 기후를 비롯해 건조 기후, 온대 기후 등 다양한 기후 지역이 나타나요. 이러한 기후 환경 속에서 독특한 향과 맛을 간직한 풀과 나무가 자라났답니다. 인도 사람들은 이런 풀과 나무의 뿌리, 잎, 껍질, 열매 등을 갈아 내거나 그대로 넣어 음식을 만들었어요. 계절풍의 영향으로 여름철이 무덥고 습한 인도에서 향신료는 음식물의 부패 속도를 늦춰 줬을 뿐만 아니라 사람들의 입맛까지 사로잡았죠. 인도 사람들의 향신료 문화는 점차 이웃 나라에 퍼져 나갔고 바닷길과 비단길을 통해 아랍 및 서양에까지 소개되었답니다.

　한편 인도 사람들은 자신들의 향신료 문화에 안주하지 않고 세계 여러 나라의 독특한 작물을 인도 땅에서 키워 냈어요. 대표적으로 가까운 인도네시아가 원산지인 정향과 육두구를 비롯해

　　　　　집집마다 다양한 커리의 맛, 인도

인도의 다양한 향신료
인도에서는 다양한 향신료를 갈아 가루로 만들어 파는 경우가 많다.
각 가정에서는 향신료 가루를 섞어 음식의 풍미를 높인다.

아주 먼 아메리카 대륙이 원산지인 고추 같은 작물 등이 인도에서 자라났죠. 인도에서 자라난 다양한 작물은 세계로 퍼져 나갔고 급기야 오늘날에는 세계 향신료 무역의 절반은 인도를 통해 이루어질 정도가 되었답니다.

인도에서는 보통 여러 가지 향신료를 섞어 사용하는 것을 좋아해요. 인도의 가정에서는 수십 가지의 향신료를 구비해 놓고 음식에 따라 필요한 향신료를 조합해 쓴답니다. 육류나 채소를 조리할 때 음식의 특징에 맞춰 자신들만의 독특한 혼합 향신료를 만들어 놓는 것이죠. 이렇게 혼합된 향신료를 인도에서는 '마살라'라고 불러요. 그중 가장 대표적인 것은 후추, 정향, 계피, 카다몬, 쿠민 등으로 매우면서도 독특한 풍미를 내는 가람 마살라죠. 이외에도 차트 마살라, 삼바 마살라 등 인도만의 독특한 마살라가 인기를 끌고 있답니다. 이들 마살라는 각종 요리에 사용되는데 그중 가장 대표적인 요리가 '카레'랍니다.

'카레'라고 하면 우리나라 사람들은 흔히 노랗고 매콤한 카레를 떠올릴 거예요. 하지만 인도에서는 그런 카레를 보기가 어렵답니다. 심지어 인도에서 카레를 주문하면 인도 사람들은 고개를 갸웃거릴 거예요. 카레라는 단어를 '커리(curry)'로 발음해야 할뿐더러 커리라고 발음해도 어떤 커리를 원하는지 물어본답니다. 인도에서 커리라고 하면 마살라와 함께 고기, 생선, 채소 등 다양한 건더기를 넣고 끓인 스튜로 그 종류가 상당히 다양하거든요. 마치 우리나라에 '찌개'라는 단어가 있는데 여기에 넣는 재료에 따라 김치찌개, 된장찌개, 순두부찌개 등이 되는 것과 마찬가지이죠. 그런데 왜 인도의 카레와 우리나라의 카레는 이렇게 다를까요? 그 이유는 바로 카레가 여러 나라를 거치면서 의미가 달라졌기 때문이랍니다.

인도의 카레는 영국이 인도를 식민 지배할 당시 영국인들에게 퍼졌답니다. 영국 사람들은 인도 카레의 독특한 맛에 빠졌지만 인도가 아닌 영국에서 음식에 따라 마살라를 다르게 만드는 것이 어려웠어요. 이런 상황에서 영국의 한 식품 회사가 표준화

탈리

탈리는 인도어로 큰 쟁반이라는 뜻이다.

우리나라의 백반 정식과 비슷하다.

3~4가지 종류의 카레와 난과 밥 등이 제공된다.

사람들은 난이나 밥에 카레를 곁들여 먹는다.

된 카레 가루를 만들어 냈죠. 영국 사람들의 입맛에 맞게 배합해 만든 카레 가루는 영국 가정에서 크게 인기를 끌었답니다. 양고기나 닭고기를 조리할 때 넣은 카레 가루는 마법의 가루처럼 음식의 맛을 높여 줬지요.

한편 영국의 카레 가루는 일본의 근대화 과정에서 일본 해군에게 전해졌답니다. 영국 해군처럼 먹으면 일본 해군들도 강해질 거란 믿음으로 일본에서 영국의 카레를 도입한 것이죠. 그런데 영국과 달리 쌀이 주식인 일본 사람들에게 영국의 카레는 다

 영국의 치킨 티카 마살라와 일본의 소고기 카레라이스
영국에서 가장 즐겨 먹는 구운 닭고기를 넣은 카레다(왼쪽).
영국식 카레를 더 걸쭉하게 만들어 밥에 비벼 먹을 수 있도록 하였다(오른쪽).

소 어울리지 않았어요. 이 때문에 영국의 카레 가루에 밀가루와 버터 등을 넣고 조금 더 걸쭉하게 만들어 밥에 비벼 먹었는데 일본에서 큰 인기를 끌었답니다. 그리고 일본 사람들은 영국 사람들의 커리를 일본어로 카레라고 불렀어요.

이후 일본의 카레가 우리나라에 전해졌는데 우리나라에서는 일본에서 쓴 카레라는 단어를 그대로 이용했답니다. 우리나라에 전해진 카레는 우리나라 사람들 입맛에 맞게 변했는데 여러 향신료 중에서 강황이 강조됐어요. 이 때문에 우리나라 카레는 일본 카레와 달리 노랗고 매콤한 맛이 강하답니다. 결국 우리나라만의 독특한 카레가 만들어진 것이죠.

이런 역사적 배경 때문에 인도, 영국, 일본, 우리나라에서 카레는 서로 다른 모습으로 존재해요. 카레는 인도 음식이기도 하지만 동시에 영국과 일본, 그리고 우리나라의 음식이기도 한 셈이죠. 식당에서 인도식 카레, 영국식 카레, 일본식 카레, 한국식 카레로 구분하는 데는 이런 이유가 있어요.

노랗고 매콤한
한국식 카레라이스

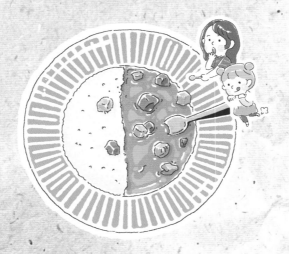

{재료} 돼지고기 200g, 감자 1개, 당근 1/2개, 양파 1개, 카레 가루 1/2봉지, 양념(후춧가루 2스푼, 다진 마늘 1스푼, 버터 1스푼)

1. 돼지고기를 다진 마늘과
후춧가루를 넣고 재워 두세요.

2. 고기에 양념이 밸 동안 양파, 감자, 당근 등
채소를 먹기 좋은 크기로 썰어 주세요.

3 팬에 버터를 넣고 감자와 당근을 볶아 주세요.

4. 감자와 당근이 어느 정도 익으면
   양파와 돼지고기를 넣고 볶아 주세요.

Tip 약한 불로 볶으면 고기가 달라붙지 않아요.

5. 종이컵 기준으로 물을 4컵 정도 넣고
   팔팔 끓여 주세요.

6. 카레 가루를 넣고 끓여 주세요.

Tip 팬 바닥에 가루가 눌어붙지 않게 나무 주걱으로
   잘 저어 주세요.

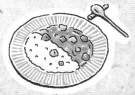

7. 예쁜 그릇에 밥을 담고
   카레를 부으면 카레라이스 완성!

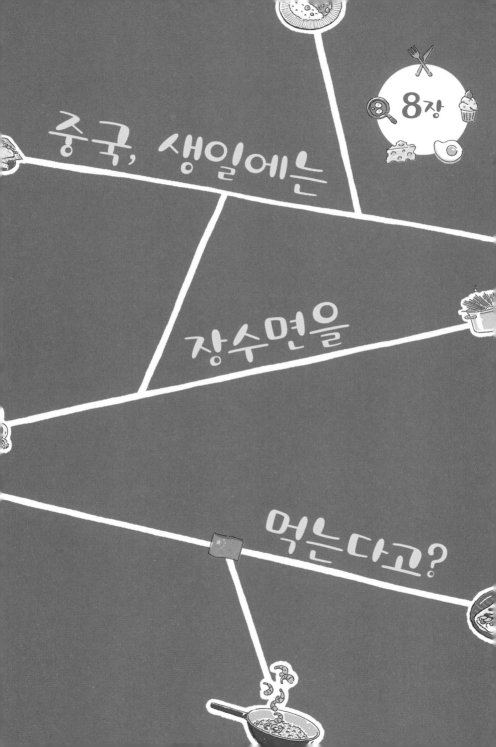

8장

중국, 생일에는

장수면을

먹는다고?

국수 문화가
발달한 이유는?

중국에서는 생일이 되면 장수면을 먹어요. 장수면은 면을 자르지 않고 한 가닥으로 길게 뽑아낸 국수이죠. 중국 사람들은 길고 긴 장수면을 먹으면 국수 면발처럼 오래 살 수 있다고 생각한답니다. 이 때문에 생일이 되면 장수(長壽)에 대한 기원을 담은 장수면을 집에서 만들어 먹거나 식당에서 주문해 먹죠. 마치 우리나라에서 생일상에 미역국을 올려놓는 것과 마찬가지랍니다.

중국에서는 생일이 아니어도 국수를 먹는 경우가 많아요. 이렇게 중국 사람들이 사랑하는 국수 문화는 우리나라, 일본 등 주변의 여러 나라에 영향을 주었어요. 우리나라의 짜장면, 일본의 라멘 등은 중국 사람들이 이주해 오면서 전해진 국수가 새로운 음식 문화로 재탄생한 사례에 해당하죠. 그런데 중국에서는 왜 이렇

중국, 생일에는 장수면을 먹는다고?

게 국수 문화가 발달했을까요? 그에 대한 대답은 중국의 자연환
경과 제분 기술 발달, 인구 이동 등을 통해 살펴볼 수 있어요.

우선 국수는 주로 밀을 갈아 낸 밀가루를 반죽해서 만들어
요. 따라서 국수 문화가 발달하기 위해서는 밀이 재배될 수 있는
환경이 가장 중요하겠죠. 사실 중국은 밀의 원산지는 아니랍니
다. 밀의 원산지는 중앙아시아 일대로 알려져 있죠. 중앙아시아
는 비교적 건조한 지역이에요. 밀은 건조하거나 기온이 낮아도
잘 버틴답니다. 오히려 연 강수량이 지나치게 많거나 기온이 너
무 높으면 밀의 수확량이 적어질 정도죠. 이 때문에 동일한 면적

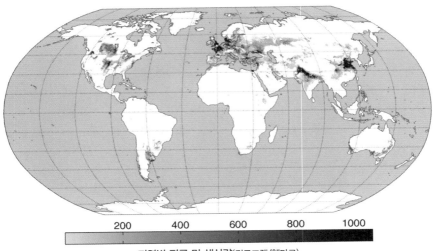

지역별 평균 밀 생산량(킬로그램/헥타르)

밀 재배 지역 밀은 고온다습한 환경에서는 잘 재배되지 않는다. 밀은 온대 기후가 나타나면서 연 강수량이 1,000밀리미터 미만인 지역에서 주로 재배되며 중국, 인도 북부, 미국 중부, 유럽, 오스트레일리아 등에서 주로 생산된다.

을 고려할 때 연 강수량이 약 780밀리미터 정도면서 온대 기후가 나타나는 지역에서 밀의 수확량이 가장 많답니다. 건조하고 서늘한 기후를 비교적 잘 견뎌 내는 밀은 중국의 북부 지방에서 상당히 매력적이었어요.

중국의 화이허강 북쪽은 대체로 연 강수량이 1,000밀리미터 미만인 지역이랍니다. 이들 지역은 연 강수량이 적고 기온도 비교적 낮기 때문에 고온 다습한 환경을 좋아하는 쌀을 재배하기가 어려워요. 하지만 밀은 오히려 이런 환경에서 수확량이 많았

중국, 생일에는 장수면을 먹는다고?

죠. 특히 겨울철에 기온이 영하로 떨어져도 땅이 얼지 않게 보온만 충분히 해 주면 밀은 겨울철 추위도 거뜬히 견뎌 냈어요. 이런 밀의 특성을 활용한 밀 농사는 오늘날 중국의 화북 평야에서도 볼 수 있답니다.

화북 지방의 농부들은 가을(9월 중순~10월)에 밀 씨앗을 들판에 뿌려요. 땅속에 자리 잡은 밀 씨앗은 천천히 뿌리를 내리고 건조하고 추운 겨울을 견뎌 낸답니다. 기나긴 겨울을 견딘 밀은 봄의 정령을 만나 무럭무럭 자라서 6월경에는 알곡을 내어 냈죠. 농부들은 초여름 누렇게 변한 들판에서 밀을 수확한답니다.

이렇게 화북 지방에서 중요한 작물로 재배된 밀이 처음부터 중국 사람들에게 인기를 끈 것은 아니랍니다. 밀이 처음 전파되었을 때 중국 사람들은 밀보다는 기장이라는 곡물을 더 많이 먹었어요. 고대 중국에서는 기장을 쪄서 밥을 만들거나, 솥에 물을 넣고 끓여 죽을 만들어 먹었죠. 고대 중국 사람들이 밀을 주로 먹지 않은 가장 큰 이유는 껍질에 있어요. 밀은 다른 곡물과 달리 여섯 겹의 단단한 껍질로 덮여 있답니다. 밀은 껍질을 벗겨 내고 가루로 만드는 기술이 없으면 먹기가 어려워요. 이 때문에 중국 사람들은 껍질을 벗기기가 상대적으로 쉬웠던 기장을 오랫동안 먹었답니다.

중국에서 밀가루로 음식을 만들어 먹기 시작한 것은 한(漢, 기원전 202년~220년)나라 때부터로 알려져 있어요. 이 시기에 회전식 맷돌이 사용됐는데, 음식 학자들은 이때부터 밀가루로 음식을 만들어 먹었다고 생각한답니다. 밀가루로는 빵, 떡, 국수 등을 만들 수 있는데, 중국에서는 주로 떡이나 국수를 만들어 먹었죠. 그 이유는 기장을 찌거나 끓여 먹던 중국 사람들에게는 굽는 도구

중국의 부엌과 유럽의 오븐

중국은 찌거나 끓여 먹는 조리 도구가 발달하였다(위). 유럽은 밀가루를 구워 먹는 음식 문화가 발달하였다(아래).

중국, 생일에는 장수면을 먹는다고?

보다는 찌거나 끓이는 조리 도구가 익숙했기 때문이에요. 그 결과 중국은 빵 문화가 나타난 서양과는 다른 음식 문화가 발달했답니다.

한편 중국에서 국수 문화가 급속도로 발달한 것은 송나라 때에 이르러서랍니다. 송 시대 이전까지는 국수가 서민들에게까지 확산되지는 않았으나 송 시대에는 일반 사람들에게까지 널리 확산되었어요. 송나라는 크게 두 시대로 나뉜답니다. 오늘날의 카이펑을 수도로 삼은 북송 시대가 첫 번째 송 시대이고 이후 금나라의 확장에 밀려 지금의 항저우로 도읍을 옮긴 남송 시대가 두 번째 송 시대랍니다.

북송 시대의 수도였던 카이펑은 세계에서 가장 인구가 많았던 도시 중 하나였답니다. 당시 인구가 약 100만 명에 이를 정도였다고 해요. 이렇게 사람들이 몰려들었던 카이펑은 24시간 동안 상점들이 불을 끄지 않고 장사를 했다고 전합니다.

무역이 발달했던 카이펑에는 세계 여러 나라 사람들이 몰려들었고 음식 문화도 덩달아 발달했답니다. 길거리에는 수많은 음식점들이 넘쳐 났는데, 그중 가장 인기 있었던 음식은 국수였어요. 가늘고 긴 국수의 면은 삶는 데 그리 오랜 시간이 걸리지 않았답니다. 더군다나 미리 만들어 놓은 육수를 부어 먹는 국수는 맛까지 상당히 좋았죠. 바쁜 송나라 사람들에게 빨리 제공되는 맛있는 국수는 최고의 음식이었답니다.

　한편 끝없이 번성할 것만 같았던 송나라에 큰 위기가 닥쳤어요. 여진족이 세운 금나라가 침입한 것이죠. 금나라가 영토를 확장하기 시작하면서 송나라의 한족(漢族)들은 전쟁을 피해 중국 남부 지방으로 이동했어요. 이주해 온 그들에게 여러 가지로 어려움이 많았는데 그중에는 음식 문제도 있었죠. 중국 북부에 살던 중국 사람들에게는 밀로 만든 국수가 익숙했는데 남쪽에서는 밀가루를 얻기가 상당히 힘들었어요. 중국 남부 지방은 너무나 덥고 습해서 밀이 잘 재배되지 않았기 때문이죠. 하지만 남쪽으로 내려온 한족(漢族)들은 그들의 국수 문화를 포기하지 않았어요. 남쪽의 고온 다습한 기후에서 잘 자라는 쌀을 이용해 국수를

만들어 낸 것이죠. 그들이 만들어 낸 쌀국수는 베트남, 타이 등 동남아시아로 전파된 것으로 알려져 있어요.

　남송 시대 이후 원, 명, 청 시대를 거치면서 중국에서는 교통이 발달하고 물자 교류가 활발하게 되었답니다. 남쪽에서도 북쪽의 밀을 쉽게 구할 수 있게 된 것이죠. 그 결과 남쪽과 북쪽을 가리지 않고 밀로 만든 국수가 널리 퍼지게 되었답니다. 중국 전체로 퍼진 밀로 만든 국수 문화는 중국에만 머물지 않았어요. 중국 사람들이 세계로 뻗어 나가는 과정에서 중국의 국수 문화가 함께 퍼져 나갔죠.

　한편 중국 전역에 국수 문화가 발달하면서 덩달아 발달한 음식 도구가 있어요. 그것은 바로 젓가락이랍니다. 뜨거운 국물에 면을 담가 먹는 국수는 손으로 집어 먹거나 숟가락으로 먹기는 어렵죠. 하지만 긴 젓가락만 있다면 국수를 먹기가 비교적 쉬워진답니다. 이런 이유 때문에 중국 사람들은 국수를 먹을 때 젓가락을 이용하기 시작했어요. 처음에는 낯설었던 젓가락 문화는 점차 당연하게 여겨졌고 이후 중국의 고유한 문화로 발달했답니다. 오늘날 중국인들은 대부분 젓가락으로 음식을 먹는데 그 배경에는 중국의 국수 문화 발달이 있겠죠.

전 세계에서 돼지를 가장 많이 키우는 나라

전 세계에서 돼지를 가장 많이 키우는 나라는 어디일까요? 맞아요, 바로 중국이랍니다. 전 세계 돼지의 절반 정도는 중국에서 사육해요. 이렇게 돼지를 많이 키우는 중국은 돼지고기의 소비량도 엄청나요. 전 세계 소비량의 절반 이상이 바로 중국 사람들에 의해 이루어지죠. 이 때문에 중국은 세계에서 가장 많이 돼지를 키우고 있지만 엄청나게 많은 양의 돼지고기를 수입하는 나라이기도 해요. 그야말로 돼지고기는 중국 사람들을 생각할 때 빼놓을 수 없는 식재료이죠. 그런데 중국 사람들은 언제부터 돼지고기를 좋아했을까요?

중국, 생일에는 장수면을 먹는다고?

중국에서 돼지고기를 먹은 것은 지금으로부터 약 8,000년 전인 것으로 알려져 있어요. 그런데 이때 먹었던 돼지는 집에서 키운 돼지가 아닌 숲속에서 살았던 멧돼지일 가능성이 커요. 그 옛날 중국의 화북 지방은 지금보다 기온이 더 높았고 강수량이 많아 숲이 울창했죠. 지금은 상상하기 어렵지만 온대림과 온갖 풀들로 뒤덮였던 숲에는 코끼리, 코뿔소, 멧돼지 등 다양한 동물들이 살았답니다.

그런데 숲에서 먹거리를 얻고 주변의 하천에서 목을 축였던 동물들에게 위기가 찾아왔어요. 기온이 점차 낮아지면서 숲이 사라지기 시작한 것이죠. 여기에 인간의 활동이 더해지면서 숲은 더 빠른 속도로 사라져 버렸어요. 사람들이 숲을 밀어 버리고 집을 짓고 농경지를 만들기 시작한 것이죠. 그 결과 화북 지방에 울창했던 숲은 거의 대부분이 사라져 버렸어요. 숲이 사라지면서 맨 땅이 드러났고 강은 모래와 흙이 마구 뒤섞여 들어와 흙탕물로 변했죠. 오늘날 누런빛을 띠어 황허(黃河)라고 불리는 강은 이렇게 만들어졌답니다. 숲이 사라지면서 코끼리, 코뿔소 등 숲에 살던 동물들도 하나둘 자취를 감추었어요.

하지만 멧돼지는 조금 달랐어요. 멧돼지는 숲이 없어도 비교적 잘 버틸 수 있었거든요. 멧돼지는 원래 나무가 우거진 숲에서 도토리 같은 열매나 나무뿌리 등을 먹었던 초식 동물이었답니다. 그런데 점차 작은 짐승이나 곤충을 먹는 잡식성 동물로 변했던

것이죠. 아무거나 잘 먹는 멧돼지는 숲이 사라진 곳에서도 잘 버텼어요. 특히 인간과 함께하는 새로운 방식으로 생존해 나갔답니다.

멧돼지는 코끼리나 코뿔소보다 크기가 작아 인간이 가축으로 이용하기에 유리했어요. 인간에게 충분한 고기를 제공할 수 있지만 기를 때 큰 우리를 만들 필요도 없었죠. 그리고 가장 결정적으로 성장하는 속도가 엄청나게 빨랐어요. 돼지는 1년 정도만 기르면 잡아먹을 수 있을 정도로 자랐죠. 이외에도 보통 한배에서 5마리 이상의 새끼를 낳기 때문에 번식에도 유리했어요. 사람들은 멧돼지를 점차 집 주변에서 길렀고 멧돼지는 순화되어 돼지로 가축화되었답니다.

돼지가 가축화되면서 중국 사람들은 집 한쪽에 돼지우리를 만들었어요. 일부 학자들은 과거 중국에서 돼지는 집의 필수적인 가축이었다는 것을 한자어로 해석하기도 해요. '집 가(家)'라는 한자를 보면 '집 면(宀)' 자와 '돼지 시(豕)' 자가 합쳐져 있어요. 즉 집에서 돼지를 키우는 모습을 연상시키는 한자가 바로 '집 가(家)'라는 것이죠.

그렇다고 해서 과거 중국에서 집집마다 돼지를 엄청 많이 키우지는 않았어요. 보통 한 집에 한 마리 정도의 돼지를 키웠다고 해요. 자칫 돼지가 지나치게 많아지면 돼지에게 줄 먹이가 부족해졌기 때문이죠. 이 때문에 똥을 먹여 키우기도 했어요. 돼지는 나무 열매나 뿌리를 좋아하

🐷 집돼지
과거 중국에서는 돼지를 집에서 키웠으며 꼭 필요한 가축이었다.

지만 먹을 것이 없는 경우 사람의 똥까지 먹기 때문이죠. 중국 산 둥성 산간 지역에서는 이런 흔적이 아직도 남아 있다고 해요. 전 통 가옥의 뒷간과 돼지우리가 서로 붙어 있다고 하죠.

　돼지가 사람 똥을 먹는 것이 상당히 더러워 보일 수 있지만 여러 가지 면에서 좋은 점도 있어요. 우선 먹을거리가 부족했던 그 옛날에 돼지는 똥으로 영양분을 섭취하고 몸집을 키워 사람 에게 고기를 제공해 주었죠. 둘째로 똥돼지는 비료를 만들어 줬 답니다. 돼지는 자신의 보금자리에 쌓인 짚에 똥을 누었는데, 짚 과 똥이 돼지가 밟아 뒤섞이면서 자연적으로 비료가 만들어졌죠. 이렇게 만들어진 비료는 척박한 밭에 뿌려져 농작물의 성장을 도왔답니다. 마지막으로 돼지는 뱀의 피해를 막아 주기도 했어 요. 돼지는 지방층이 상당히 두꺼워 뱀의 독니가 무용지물이랍니 다. 오히려 뱀을 맛있게 먹기까지 하죠.

　이렇듯 인간의 생활과 관련해서 다양한 장점을 가진 돼지는 중국 사람들에게 상당히 유용한 동물이었답니다. 그 결과 사람들 은 집에서 돼지를 키웠고 마을에서 중요한 날이 있으면 돼지를 잡았답니다. 소는 농사에 있어 중요한 노동력이었던 반면 돼지는 그렇지 않았죠. 돼지는 상대적으로 크기도 커서 많은 사람들이 풍족하게 육류를 얻을 수 있었답니다.

　한편 중국에서 오래전부터 돼지고기를 먹기는 했지만 오늘 날처럼 많이 먹지는 않았어요. 상류층들은 돼지를 더럽다고 여겨

동파육

소식은 송나라 때 문인으로 호는 '동파'이다.

소식은 당시 호수 공사에 동원된 일꾼들이 음식을 제대로 먹지도 못하고

고되게 일하는 모습을 측은하게 여겨, 이들을 위해

값싼 돼지고기를 재료로 '동파육'이란 요리를 만들어 냈다고 한다.

돼지고기를 많이 소비하지 않았고, 일반 농민과 서민들은 마을의 큰 행사 때에나 돼지고기를 먹었을 뿐이죠. 송나라 때 소식(=소동파)은 「식저육(食猪肉)」이란 시에서 "돼지고기는 질은 좋고 가격은 싼데, 부자는 거들떠보지 않고 가난한 사람들은 요리할 줄을 모르네"라고 읊을 정도였죠.

과거 중국 상류층은 돼지고기보다는 양고기를 좋아했고 황제의 식탁에도 돼지고기는 올라가지 않았죠. 황제의 식탁에 돼지고기가 올라간 것은 명 태조 주원장 때부터로 알려져 있어요. 주원장은 가난한 농민 가문의 고아 출신이었는데 원나라를 뒤엎고 명나라를 세웠답니다. 황제가 된 주원장은 자신이 좋아했던 돼지고기를 상에 올리게 했어요. 황제가 좋아했던 돼지고기 요리는 점차 상류층은 물론 일반 서민들에게까지 인기를 끌었답니다.

명나라 이후 청나라 때 이르자 돼지고기 요리는 더 귀한 대접을 받았어요. 청나라를 세운 만주족은 전통적으로 돼지고기를 좋아했어요. 만주족의 근거지인 만주 지역은 숲이 울창해 돼지가 살기에 유리했답니다. 만주족은 울창한 숲에서 나무 열매를 먹으며 자란 돼지를 먹는 것은 물론 가죽으로 옷을 만들기도 했죠. 겨울에는 돼지기름을 몸에 발라 매서운 추위를 막기도 했어요. 이렇게 다양하게 사용할 수 있었던 돼지는 만주족에게 그야말로 귀중한 동물이었답니다.

만주족은 하늘에 제사를 지낼 때도 돼지를 제물로 바쳤고

중국, 생일에는 장수면을 먹는다고?

만주족의 왕도 돼지고기를 즐겨 먹었죠. 이런 전통은 청나라를 세운 다음에도 계속 이어졌어요. 명나라 이후 거부감이 줄어들던 돼지고기는 청나라 이후 당연하게 가장 좋은 고기로 인정받게 되었답니다. 그리고 오늘날에 이르러서는 중국에서 고기라고 하면 당연히 돼지고기를 떠올리게 되었죠.

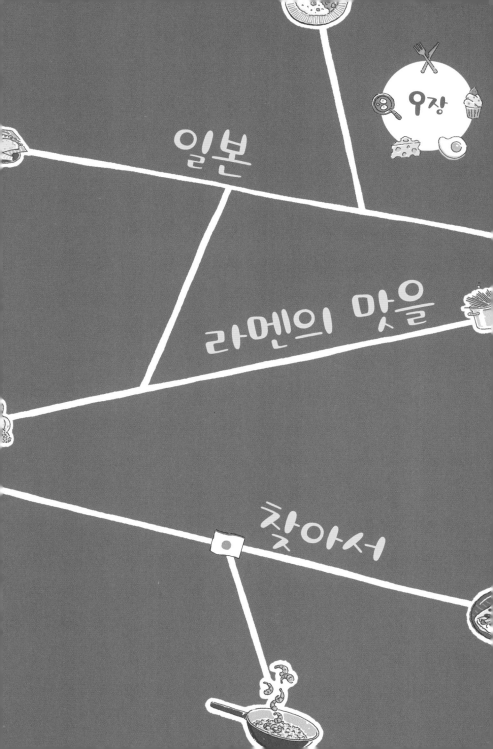

일본

9장

라멘의 맛을

찾아서

1,200년 동안 유지된 육식 금지령

2019년 1월 5일, 세계의 관심은 일본 도쿄의 도요스 수산 시장으로 향했답니다. 새해 첫 참치 경매가 열렸던 그날, 278킬로그램의 참치 한 마리가 약 34억 7000만 원(3억 3360만 엔)에 팔렸기 때문이죠. 이날 참치를 산 주인공은 일본 요식업체 '스시 잔마이'의 사장이었어요. 이 사장은 가게 홍보를 위해 비싼 가격에 참치를 샀긴 했지만, 이를 통해서 일본인들이 얼마나 참치에 관심이 있는지를 엿볼 수 있죠. 일본 사람들은 꼭 참치가 아니더라도 수산물을 좋아하는 것으로 유명하답니다.

일본에서 수산물이 인기가 많은 이유로는 지리적 원인과 역사적 배경에서 살펴볼 수 있어요. 우선 지리적으로 일본은 다른 지역보다 수산물을 얻기 쉬운 곳이랍니다. 일본은 동아시아의 동쪽, 태평양의 서쪽에 위치한 섬나라로 홋카이도, 혼슈, 시코쿠, 규

일본 라멘의 맛을 찾아서

슈 등 주요 네 섬과 수많은 섬이 길게 이어져 있어요. 그리고 이렇게 긴 열도를 쿠로시오 해류와 쿠릴(오야시오) 해류가 둘러싸고 흐른답니다. 두 해류의 영향으로 일본 주변에서는 난류를 따라 이동하는 물고기와 한류를 따라 이동하는 물고기를 모두 볼 수 있어요. 이렇게 다양한 물고기가 서식하는 일본 주변의 바다는 북서 태평양 어장이라고 불리는 세계적인 어장이랍니다. 이처럼 수산물을 얻기 쉬웠던 일본에서는 자연스럽게 수산물을 이용한 다양한 음식이 만들어졌지요.

도쿄의 수산 시장
일본의 수산 시장에서는 난류성 어종, 한류성 어종 구분 없이 신선한 상태의 다양한 생선을 만나 볼 수 있다.

한편 일본 사람들이 수산물을 꼭 바다에서만 얻은 것은 아니었어요. 환태평양 조산대에 위치한 일본은 화산과 지진 활동이 활발하며 그 영향으로 산지가 많아요. 일본 전체 면적의 약 67퍼센트가 산지인데 산지에서 발원한 물줄기는 각 지역에서 계곡 및 하천을 이루고 일부는 호수를 만들기도 하죠. 일본의 수많은 계곡 및 하천, 호수에는 은어, 붕어, 잉어, 메기 등 다양한 민물고기가 서식하는데 일본인들은 이를 이용해 다양한 음식 문화를 만들어 나갔답니다.

다음으로 역사적인 배경으로는 과거 일본에서 이루어졌던 육식 금지령의 원인이 컸어요. 일본의 덴무 천황은 675년 불교를 일본의 국교로 삼은 후 불교 계율을 앞세워 온 백성의 육식을 금지하는 육식 금지령을 내렸어요. 다만 물고기와 어패류 등의 수산물은 육식 금지령에서 제외되었어요. 그 결과 일본 사람들은 자연스럽게 인간 생활에 필수적으로 필요한 단백질과 지방을 수산물을 통해 섭취해 나갔죠. 일본에서 덴무 천황의 육식 금지령은 무려 1,200여 년 간 유지되었답니다. 그 긴 시간 동안 일본인들은 자연스럽게 생존을 수산물에 의존했고 그들만의 수산물 문화를 만들어 나갔답니다.

일본 라멘의 맛을 찾아서

초밥이 발효 식품이라고?

수산물을 활용한 일본의 대표 음식으로는 초밥을 꼽을 수 있어요. 오늘날 초밥은 식초에 버무린 밥을 주로 이용하죠. 하지만 약 천 년 전 처음 초밥이 만들어졌을 때는 식초가 전혀 사용되지 않았어요. 초밥의 기원이라고 알려진 '나레즈시'는 생선을 소금에 절인 후 밥과 함께 돌로 눌러 놓은 후 발효시킨 음식이죠. 나레즈시는 코를 찌르는 듯한 역한 냄새 때문에 맨 처음 접할 때는 섣불리 손이 가지 않아요. 하지만 한번 그 맛에 빠지면 계속 생각나는 음식 중 하나라고 해요.

후나즈시
붕어를 소금에 절인 후 밥과 함께 발효시켜 만든 나레즈시이다.
시가현의 대표적인 향토 음식이다.

비와호 비와호는 총 면적이 약 670제곱킬로미터로 서울보다 더 크다.

나레즈시는 보통 붕어로 만드는데 오늘날 일본 시가현의 전통 음식이랍니다. 시가현에는 일본에서 가장 큰 호수인 비와호가 있는데 여기에서 붕어가 많이 잡혀요. 비와호 주변에서 살던 사람들은 봄철에 붕어를 잡은 후 식량이 부족한 겨울철을 대비해 발효를 했답니다. 냉장고가 없었던 과거에 민물고기를 오랫동안 저장할 수 있는 가장 좋은 방법이 발효였기 때문이죠. 시가현 사람들은 밥과 물고기를 함께 발효시켰어요. 밥은 유산 발효를 하는데 그 과정에서 물고기의 보존성이 높아지고 음식에는 신맛이 더해진답니다. 사람들은 식량이 부족한 겨울철에 이렇게 만들어진 발효된 물고기로 영양분을 섭취했죠.

일본 라멘의 맛을 찾아서

오래전에 시가현 사람들은 나레즈시를 먹을 때 곰삭은 밥은 빼고 생선만 먹었어요. 밥을 쪄 먹던 시기에 밥은 그다지 맛이 없었기 때문이죠. 하지만 무로마치 시대에 새로운 품종의 쌀이 등장하면서 사람들의 식습관이 변하기 시작했어요. 새로운 쌀은 끓여 내면 부드러운 밥이 됐거든요. 사람들은 나레즈시에 사용된 부드러운 밥을 그냥 버리는 것이 아까웠어요. 그래서 점차 나레즈시의 발효 기간을 줄이고 여기에 사용된 밥을 먹기 시작했죠. 급기야 에도 시대에는 아예 생선과 밥을 발효시키지 않았어요.

에도 시대에 발효하지 않은 생선과 밥을 먹은 이유는 당시 에도(현재 도쿄)의 급격한 번성에서 찾아볼 수 있어요. 에도 시대는 도쿠가와 이에야스가 에도를 본거지로 삼아 집권하던 시대랍니다. 1603년 일본의 지배자가 된 도쿠가와 이에야스는 이전까지는 조그만 어촌에 불과했던 에도를 완전히 탈바꿈시켰어요. 에도에 거대한 성이 지어졌고 성 주변에는 수많은 저택들이 생겨났어요. 매일같이 대규모 공사가 이루어진 에도에는 일자리를 찾아 수많은 사람들이 몰려들었지요. 하지만 사람들에게 음식을 제공할 만한 식당이 충분하지 않았어요. 자연적으로 길거리에서 음식을 파는 노점상들이 번성했죠. 당시 노점상들은 길거리에서 우동, 소바는 물론 초밥까지 팔았답니다.

이 중 초밥은 오랜 시간 발효를 해야 했기 때문에 안정적인 공급이 어려웠어요. 하지만 어느 대담한 요리사의 획기적인 시도로 초밥은 에도의 인기 음식으로 부상했답니다. 그 시도는 바로 해산물과 밥에 식초를 부어 새콤한 초밥을 만들어 낸 것입니다. 밥과 생선에 식초를 부어 내자 생선의 비린내가 줄어들었고 생선의 부패도 비교적 천천히 이루어졌어요. 물론 그 맛도 상당히 좋았기 때문에 밥과 물고기에 식초를 부운 초밥은 에도에서 큰 인기를 끌었답니다.

에도에 널리 퍼졌던 초밥은 시간이 흐르면서 변신을 거듭했어요. 과학 기술이 발달하고 얼음 보급이 확산되면서 사람들은 점차 날생선의 유혹에 빠져들었어요. 얼음이 생선의 부패를 지연시켰기 때문이죠. 에도 사람들은 식초를 뿌린 밥에 날 생선을 얹

일본의 회전 초밥
맥주 공장의 컨베이어 벨트에 착안해 만든 방식으로
오사카에서 처음 시작되었다.

어 내기 시작했어요. 하지만 이런 초밥은 전국적으로 퍼지기에는 무리가 있었어요. 아무리 얼음이 보급되었다고 하더라도 내륙 지방까지 가는 동안에 날생선이 부패했기 때문이죠. 날생선을 얹은 초밥이 전국적으로 퍼진 시기는 1950년대에 이르러서였답니다. 1950년대 이후 일본에 냉장고가 보급되고 교통수단이 발달하자 내륙 지방에서도 점차 날생선을 이용한 초밥을 먹기 시작했어요. 급기야 오늘날에는 편의점에서도 초밥을 접할 수 있게 되었답니다.

각 지역의 특성을 반영한 라멘

일본은 초밥 이외에도 라멘으로도 유명하답니다. 오늘날 일본에 있는 라멘 가게는 약 3만 개가 넘어요. 일본에서는 지역별로 다양한 라멘이 있기 때문에 색다른 라멘을 찾아서 라멘 투어를 하는 사람들이 있을 정도죠. 지금은 일본에서 이렇게 라멘 문화가 발달했지만 사실 라멘의 역사는 상당히 짧아요.

라멘은 19세기 일본의 개항과 더불어 중국 사람들에 의해 전파된 음식 중 하나랍니다. 에도 시대 말 일본은 외국의 개항 요

일본의 라멘 박물관(신 요코하마) 1958년 일본 거리를 재현한 라멘 박물관에서는 일본의 지역별 대표 라멘을 맛볼 수 있다.

구에 따라 요코하마, 고베, 나가사키, 하코다테 등 항구에 위치한 도시를 개항했어요. 개항장에는 여러 나라의 외국인들이 물밀 듯 들어왔는데 그중에는 중국 사람들도 있었어요. 중국 사람들은 일 본 내에 집단 거주지인 차이나타운을 형성하기에 이르죠. 차이나 타운에서는 중국 음식인 라미엔이 팔렸는데 이것이 일본 사람들 에게까지 점차 확산되었답니다. 일본 사람들은 중국 사람들의 라 미엔을 일본어로 라멘이라고 부르며 그 매력에 빠져들기 시작했 어요.

원래는 중국 사람들의 음식이었던 라멘은 2차 세계 대전 이 후 큰 변화가 나타났어요. 일본은 2차 세계 대전에서 패한 후 극

일본 라멘의 맛을 찾아서

심한 식량난에 처했답니다. 많은 사람들이 영양실조에 걸리거나 굶어 죽었죠. 이런 상황 속에서 미국은 일본에 밀가루를 원조했답니다. 그러자 일본에는 갑자기 밀가루가 넘쳐 났어요. 넘쳐 난 밀가루는 다양한 음식의 재료로 사용되었는데 라멘도 그중 하나였죠. 미국의 밀가루 원조로 중국식 국수인 라멘이 싼 가격에 팔리기 시작했고 일본 사람들에게 큰 인기를 끌게 되었답니다. 이후 일본 각지에서는 그 지역의 특성을 반영한 라멘을 만들어 내기 시작했어요.

그중 대표적인 라멘이 바로 삿포로, 하카타, 기타카타에서 만든 라멘이죠. 우선 홋카이도에 위치한 삿포로는 매년 2월 초에 국제적인 눈꽃 축제가 열릴 정도로 눈이 많이 내리는 지역이랍니다. 이곳의 겨울은 상당히 춥고 길기 때문에 다른 지역보다 기름진 음식을 즐겨 먹는답니다. 삿포로 라멘 역시 다른 지역의 라멘보다 국물이 기름지고 진하죠. 라멘 국물 위에 돼지기름을 둥둥 띄워 내기까지 할 정도랍니다. 겨울이 너무 추운 삿포로에서 오랫동안 뜨거운 라멘을 맛보기 위해 라멘 위에 돼지기름을 얹어 낸다고 하죠.

한편 일본 남쪽에 위치한 하카타에서는 돼지 뼈 국물로 만든 돈코츠 라멘을 즐겨 먹어요. 하카타의 돈코츠 라멘은 규슈라는 지역의 특성이 반영되었답니다. 규슈 지방은 과거 중국 사람들이 가장 많이 이주한 지역 중 하나였어요. 중국 사람들은 규슈

돈코츠 라멘

하카타에서는 돼지 뼈를 우려낸 국물로 만든

돈코츠 라멘을 즐겨 먹는다. 돈코츠는 일본어로 돼지 뼈를 의미한다.

하카타 돈코츠 라멘은 바쁜 상인들에게

라멘을 빨리 제공하기 위해 면발을 가늘게 만들었다고 한다.

에서 중국에서 먹던 음식을 재현해 돼지 뼈를 이용한 국물 요리를 만들어 냈답니다. 그중 가장 대표적인 음식이 바로 나가사키 짬뽕이죠. 중국 사람들에게 영향을 받은 규슈 지방에서 돼지 뼈를 이용해 국물을 만드는 것은 자연스러운 일이었어요.

이외에도 규슈는 다른 지역에 비해 기온이 높고 연 강수량도 많아 돼지를 사육하기에 유리했어요. 실제로 규슈의 가고시마현은 오늘날 일본에서 돼지를 가장 많이 사육하는 지역이랍니다. 그리고 하카타에서는 이런 역사적, 지리적 특성을 반영해 하카타의 명물인 돈코츠 라멘을 만들어 냈답니다.

마지막으로 후쿠시마현 서부에 위치한 기타카타는 에도 시대에 도시와 도시를 연결하는 주요한 길목에 있었어요. 이 때문에 기타카타에는 여행객이 휴식을 취하던 여인숙은 물론 간장과 술 등을 저장한 다양한 창고들이 많았죠. 하지만 세월이 흐르고 철도 교통의 발달로 새로운 교통로가 생겨나면서 기타카타는 점차 세상에 잊혀져요.

그러던 중 오래된 창고가 지역의 명물로 소개되면서 다시금 사람들의 입에 오르내리게 되었답니다. 기타카타에 관광객이 증가하면서 자연스럽게 음식점이 늘어났어요. 그중 가장 인기가 있었던 것은 관광객들이 빨리 먹을 수 있는 라멘 가게였답니다. 기타카타 지방에서는 창고에 저장해 놓은 소유 간장으로 육수를 만들어 냈는데 그것이 큰 인기를 끌었어요.

꽃처럼 예쁜 화과자에 빠지다

일본 음식 중에서 가장 먹기 아까운 음식은 아마 화과자가 아닐까요? 일본의 화과자는 첫 맛은 눈으로, 끝 맛은 혀로 즐긴다는 말이 있을 정도로 상당히 섬세하면서도 화려하게 만든 경우가 많아요. 화과자는 일본의 전통 과자를 말하는데, 일반적으로 메이지 유신 이전 시기부터 만들어 온 과자류를 말해요. 우리나라에 한과가 있다면 일본에는 화과자가 있는 셈이죠.

일본의 화과자는 찹쌀, 팥, 콩 등을 이용해 만드는데, 이런 화과자의 발달 배경에는 일본의 다도(茶道) 문화가 있답니다. 다도는 차와 관련된 예절로, 차를 우려내거나 마실 때와 손님에게 권할 때 갖추어야 하는 예법을 말한답니다. 중국 당나라 시대에 일본에 전해진 차는 처음에는 일본 왕에게 올리는 음료였어요. 그 후 수백 년이 지나 참선을 중요하게 여기는 선종 불교와 함께 발달하기 시작했지요.

당시 스님들은 명상을 하기 전에 차를 마시면 마음을 가다듬을 수 있다고 여겨 차를 중요하게 여겼답니다. 스님들은 찻잎을 분말로 만든 말차를 마셨고 차를 마시는 방법인 다도를 만들어 나갔어요. 스님들은 각 지방의 영주들에게 차를 알려 주었고, 영주들을 섬기던 귀족이나 무사에게까지 다도가 알려지게 되었

일본 라멘의 맛을 찾아서

답니다. 이후 시간이 지나면서 경제가 성장하게 되었고 차를 마시는 계층이 서민으로 확산되었죠. 그 과정에서 자연스럽게 다도가 일본 전역으로 퍼졌답니다.

바로 이 다도를 통해 화과자가 함께 전파되었죠. 차는 카테킨과 카페인 성분 때문에 다소 쓴맛과 떫은맛이 나는 음료예요. 차를 마시면 마음의 안정을 찾을 수 있으나 쓴맛과 떫은맛을 떨쳐 낼 수는 없죠. 이에 쓴맛과 떫은맛을 줄여 주는 화과자를 만들어 차와 함께 내는 다도 문화가 생겨났답니다. 일본 사람들은 보통 진한 차를 마실 때는 만주, 찹쌀떡, 양갱 같은 과자를, 연한 차를 마실 때는 라쿠간 같은 마른 과자를 함께 내었답니다.

이렇게 일본에 자연스럽게 퍼진 화과자의 주재료는 팥이에요. 팥은 다소 달콤한 맛이 나는데 과거 설탕이 귀했던 일본에서는 팥을 삶아서 으깬 팥앙금으로 달콤한 맛을 만들어 냈답니다. 달콤한 팥앙금은 떡이나 빵에 들어가 일본만의 독특한 화과자를 만들어 냈지요. 이후 설탕이 많이 보급되면서 점차 팥앙금에 설탕을 넣는 양이 많아졌어요. 그 결과 오늘날 우리가 접하는 일본의 화과자는 아주 달콤한 디저트로 새로운 인기를 구가하고 있답니다.

화과자

10장

멕시코는

소스의 천국,

살사! 몰레!

신은 옥수수로 사람을 만들었다

아주 먼 옛날 신들이 인간을 만들고자 했어요. 신들은 처음에 인간을 진흙으로 빚어 만들었지만 곧잘 부서졌죠. 두 번째는 나무로 만들었지만 심장이 없던 그들은 지성이 부족한 탓에 신들을 노하게 해 큰 벌을 받았답니다. 마지막으로 신들은 옥수수로 인간의 몸을 만들었어요. 그리고 인간에게 속은 하얗고 겉은 노란 옥수수로 음식을 만들어 주었죠. 신들의 보살핌으로 인간은 번성을 했답니다. 이 이야기는 마야인의 신화집인 『포폴 부흐』에 나오는 내용이에요.

마야 문명은 지금으로부터 약 2,000년 전부터 중앙아메리카 일대에서 발달한 문명이죠. 멕시코 남동부, 유카탄반도, 과테말라 등에 이르는 지역에서 마야 문명의 흔적을 볼 수 있답니다. 이들 지역에는 마야인들이 세운 거대한 유적들이 아직까지 웅장

멕시코는 소스의 천국, 살사! 몰레!

한 규모로 남아 있어요.

　그런데 마야 문명은 또 다른 모습으로 오늘날 멕시코에 남아 있답니다. 그것은 바로 옥수수를 주로 먹는 멕시코의 음식 문화죠. 옥수수를 중요하게 여겼던 마야인의 문화는 오늘날까지 고스란히 이어지는데, 멕시코는 마야인의 후예가 세운 나라답게 세계에서 옥수수를 가장 많이 먹는 나라랍니다. 멕시코 사람들이 하루에 먹는 옥수수의 양은 약 325그램 정도로 우리나라 사람들이 쌀밥을 먹는 양과 비슷해요. 그런데 멕시코 사람들은 왜 이렇게 옥수수를 많이 먹을까요?

　가장 중요한 이유는 옥수수의 원산지가 바로 멕시코였고 밀이나 쌀 같은 다른 곡물이 없었기 때문이랍니다. 고대 아메리카 대륙에는 오늘날처럼 다양한 작물이 자라지 않았어요. 밀과 쌀

치첸이트사
마야 문명의 대유적지이다.
마야 문명과 아즈텍 문명이
나타났던 멕시코는
세계에서 피라미드가
가장 많은 국가이다.

 옥수수 재배

아메리카 원주민들은 옥수수 씨앗을
땅에 뿌리고 정성 들여 가꿨으며
수확철에는 잘 익은 알곡을 얻어 냈다.

같은 세계의 주식 작물은 콜럼버스가 아메리카 대륙을 발견한 이후에야 유럽에서 유입되었답니다. 그 이전에 아메리카 대륙에서 그나마 자라고 있던 것이 바로 옥수수였죠. 사실 옥수수는 처음부터 알곡이 통통하게 살이 오른 작물은 아니었어요. 테오신테라는 옥수수의 기원으로 알려진 작물의 크기는 성인 손가락만 했어요. 하지만 아메리카 원주민들은 이것을 끊임없이 개량했고 그 결과 지금처럼 먹음직스럽게 커졌답니다.

아메리카 원주민들은 잘 자란 옥수수를 생으로 먹기도 하고, 구워 먹거나 삶아 먹기도 했죠. 그런데 옥수수를 먹을 때 꼭 한 가지 방식을 덧붙였어요. 바로 옥수수를 석회수에 담가 불리는 것이죠. 옥수수를 석회수에 담그면 옥수수의 속껍질이 잘 벗겨지고 부드러운 알갱이의 속살이 드러난답니다. 이외에도 석회수를 통해 칼슘

멕시코는 소스의 천국, 살사! 몰레!

과 철분 등이 보충될 뿐만 아니라 부족한 니아신을 섭취할 수 있어요. 그런데 이런 성분들이 증가하는 것은 옥수수를 주식으로 하는 경우 상당히 중요해요. 만약 석회수에 담그지 않은 옥수수를 주식으로 먹으면 비타민 B에 해당하는 니아신 부족으로 펠라그라라는 병이 생길 수 있답니다.

실제로 옥수수가 전파된 유럽과 미국에서 옥수수만을 주식으로 삼은 수많은 서민들은 피부염, 설사, 정신 이상 등이 나타나는 펠라그라로 고통을 받았죠. 하지만 석회수에 옥수수를 담가 먹은 아메리카 원주민들, 특히 고대 마야인들은 이런 병에 걸리지 않았어요. 마야인들은 석회수에 옥수수를 담그면 좋은 점이 많다는 것을 오랜 기간의 경험을 통해 알았고, 또한 다행히 주변에 석회암 지대가 넓게 펼쳐져 있어 석회수를 쉽게 얻을 수 있었죠. 이 때문에 멕시코 일대에서는 옥수수를 주식으로 삼아도 큰 문제가 없었고 옥수수 음식 문화를 발전시켜 나갔답니다.

마야인들은 옥수수를 이용해 다양한 음식을 만들어 냈는데, 오늘날까지 전해지는 것 중 가장 널리 알려진 것은 토르티야랍니다. 멕시코에서는 석회수로 껍질을 벗겨 낸 옥수수 알곡을 가루로 만든 후 물을 넣고 반죽을 만들어요. 반죽을 약 1시간 정도 실온에서 숙성시킨 후 만두피처럼 동그랗게 밀어 내죠. 이후 팬에 반죽을 찌거나 구워 내면 토르티야가 완성된답니다.

토르티야는 주변에서 쉽게 구할 수 있는 옥수수 가루를 이

😎 **토르티야**
일반적으로 옥수수로 만들지만
옥수수를 재배하기 어려운 지역에서는 밀가루를 이용하기도 한다.

용하고 대량 생산이 가능하기 때문에 가격이 상당히 싸요. 이 때문에 멕시코 경제 상황을 토르티야의 가격을 기준으로 살펴보는 경제학자들도 많답니다. 토르티야는 일반적으로 그냥 먹기보다는 여러 종류의 채소나 고기 등을 올려놓고 각종 소스를 곁들인 후 싸서 먹어요. 이렇게 토르티야에 다양한 식재료를 넣고 싸서 먹는 방식을 타코라고 하는데, 멕시코 사람들은 평상시 식사 때 이렇게 먹는 것을 즐긴답니다.

멕시코는 소스의 천국, 살사! 몰레!

타코

타코는 토르티야에 고기, 채소, 해산물, 치즈 등 다양한 재료를
넣어서 먹는 요리이다. 멕시코는 독립 전쟁과 멕시코 혁명 등
정치적으로 상당히 불안한 시기를 거쳤다.
이 시기를 거치면서 간단히 음식을 싸 먹는 타코 문화가 더욱 발달했다.

새콤 매콤한 맛을 내는 타코

토르티야에 싸 먹는 타코의 맛은 그 위에 얹은 살사에 따라 각양각색으로 변한답니다. 잘게 다진 살사를 넣어 씹는 맛을 주기도 하고, 걸쭉한 살사를 넣어 음식들이 서로 섞여 생기는 조화로운 맛을 높이기도 하죠. 이렇게 멕시코 음식에 다양한 맛을 선사하는 살사는 '소스(sauce)'를 뜻하는 에스파냐어 살사(salsa)라는 단어에서 유래했어요. 과거 에스파냐의 지배를 받았던 멕시코에서는 요리에 사용되는 소스를 뭉뚱그려 살사라고 불렀던 것이죠.

이렇게 대부분의 소스를 살사라고 부르기 때문에 종종 사람들은 살사를 한 가지로 오해하지만 멕시코에는 상당히 다양한 살사가 있답니다. 각기 다른 식재료를 이용해 소스를 만들어 내면 새로운 살사가 만들어지는 것이죠. 그런데 이렇게 종류가 다양한 살사이지만 공통적으로 언급되는 맛이 있어요. 그것은 바로 새콤하면서도 매콤한 맛이죠. 마치 우리나라의 김치는 종류가 다양하지만 외국 사람들이 김치를 생각할 때면 아삭한 맛과 매운맛을 떠올리는 것과 마찬가지죠. 우리나라의 매운 김치에서 고추가 큰 역할을 하듯 멕시코 살사에도 큰 역할을 하는 식재료가 있는데, 그것은 바로 고추와 토마토랍니다.

![🎎] **토마토와 고추** 오랫동안 수많은 개량을 거쳐 오늘날 다양한 색과 크기,
식감을 가진 토마토와 고추가 탄생했다.

　　고추와 토마토는 중앙 및 남아메리카 일대에서 기원한 작물
이에요. 특히 고추는 멕시코 일대에서 약 6,000년 전부터 재배되
었을 정도로 멕시코 사람들에게 친숙한 식재료였죠. 이런 이유로
멕시코에서는 오래전부터 자연스럽게 고추와 토마토를 식재료

로 사용하는 문화가 발달했답니다. 특히 주식으로 먹었던 토르티야는 그 맛이 밋밋했기 때문에 적절한 간을 내는 음식이 필요했어요. 이런 역할에 매콤한 고추와 새콤한 토마토는 안성맞춤이었죠. 마치 우리나라에서 쌀밥만 먹지 않고 김치 등을 함께 먹어 적절히 간을 맞추는 것과 마찬가지랍니다.

 멕시코 소스

피코 데 가요는 잘게 썬 토마토, 양파, 고추를 섞어 만든다(위). 살사 베르데는 녹색 토마토와 풋고추를 넣어 만든다(가운데). 살사 로하는 다진 토마토와 고추를 섞어 만든다(아래).

멕시코는 소스의 천국, 살사! 몰레!

고추와 토마토는 음식 맛의 조화를 높여 주는 것 이외에도 여러 가지 역할을 했어요. 야생에서 잡은 고기에서 나는 누린내를 없애 주고 간이 배지 않은 채소들과 뒤섞여 독특한 풍미를 내 주었죠. 이러한 장점을 갖춘 살사는 수천 년 동안 멕시코에서 선호되었고 다양한 식재료를 활용한 새로운 살사가 계속 만들어졌답니다. 그 결과 멕시코에서는 건더기가 많은 것부터 걸쭉한 액체 형태로 만든 것까지 실로 다양한 살사를 맛볼 수 있게 되었죠. 오늘날 일반 가정에서도 토마토와 고추를 비롯해 다양한 식재료를 뒤섞어 자신들만의 살사를 만들어 먹는답니다.

한편 멕시코에서는 소스를 살사라고만 부르지는 않아요. 소스를 의미하는 단어로는 몰레(mole)도 있답니다. 몰레는 고추, 초콜릿, 땅콩, 마늘, 호두, 호박씨 등의 다양한 재료를 빻은 후 끓여 낸 것이에요. 완성된 몰레는 닭고기나 칠면조 고기 혹은 돼지고기에 소스처럼 얹어 먹어요. 멕시코 사람들은 몰레를 멕시코의 자부심으로 여기는데 멕시코에서는 국가적인 차원에서 매년 10월 몰레 축제를 연답니다.

한편 요즘에는 우리나라에서도 멕시코 음식인 몰레라는 단어를 찾아볼 수 있는데 바로 아보카도로 만든 '과카몰레'랍니다. 과카몰레는 아보카도의 멕시코어인 아과카테의 중간 두 글자와 몰레를 합쳐 만든 합성어죠. 아보카도의 원산지이면서 최대 생산지인 멕시코는 아보카도를 이용한 음식 문화가 상당히 발달했답

몰레 멕시코에서는 다양한 재료를 넣고 끓여 낸 각양각색의 몰레를 경험할 수 있다.

니다. 대표적으로 아보카도에 토마토, 라임즙 등을 넣어 소스를 만들어 냈는데 이것이 바로 과카몰레죠. 우리나라에서는 과카몰레를 샌드위치나 나초를 먹을 때 사용해요. 과카몰레를 먹을 때 멕시코 몰레의 맛에 몰래 빠져 보는 것은 어떨까요?

에스파냐 음식 문화가 널리 퍼졌다고?

에르난 코르테스가 아즈텍 제국을 정복하고 난 후 멕시코는 에스파냐의 식민지가 되었어요. 에스파냐의 식민지가 된 멕시코는 누에바에스파냐 부왕령으로 불렸습니다. 누에바에스파냐(새로운 에스파냐)는 북아메리카는 물론 필리핀, 팔라우, 타이완 섬 북부에 이르기까지 그 통치 범위가 상당히 넓었는데 그 통치의 중심지는 멕시코시티였답니다. 멕시코에는 자연스럽게 에스파냐 사람들이 많이 들어왔고 그들에 의해 새로운 문화가 만들어지게 되었어요. 언어는 물론 음식을 비롯한 다양한 풍습이 널리 퍼지게 된 것이죠.

에스파냐 사람들은 에스파냐에서 먹던 음식들을 그대로 들여왔는데 그중 가장 대표적인 것이 돼지고기였답니다. 과거 아메리카 대륙에는 돼지나 소 같은 가축이 없었는데 이들 가축은 유럽인과 함께 유입되었죠. 그중에서 돼지는 잡식성 동물로 숲이나 인간의 거주지 주변에서 잘 서식했답니다. 돼지 사육이 성공적으로 이루어지면서 멕시코에는 에스파냐식의 돼지고기 조리법이 널리 퍼졌어요. 돼지를 통으로 장작불에 구운 바비큐 요리인 '레촌'으로 먹기도 했고, 다진 고기를 채워 '초리소' 같은 소시지로도 만들어 먹었답니다. 이런 조리법은 오늘날까지 이어지고 있어요.

에스파냐의 문화는 생선 요리에서도 찾아볼 수 있어요. 멕시코의 해안에서는 '세비체'라는 음식을 맛볼 수 있답니다. 세비체는 회를 뜬 날생선에 라임즙을 넣은 것으로 매운 살사를 곁들이기도 하죠. 우리나라 물회에 초고추장이나 된장이 들어간다면 세비체의 핵심은 라임즙으로 맛을 낸다는 거예요. 그런데 라임은

아메리카 대륙이 원산지가 아니랍니다. 아시아의 아열대 및 열대
지역이 원산지죠. 그런데 에스파냐가 세계 각 지역을 식민지화하
는 과정에서 자연스럽게 라임이 라틴 아메리카로 전파되었답니
다. 이 때문에 사람들은 세비체를 에스파냐 식민지 문화의 영향
을 받은 음식으로 보기도 한답니다.

　　한편 오늘날 멕시코에서는 에스파냐 문화와 아즈텍 제국의
문화가 절묘하게 결합된 문화를 볼 수 있답니다. 바로 '망자의 날'
이 대표적인 예인데, 망자의 날은 에스파냐의 종교인 크리스트교
의 기념일인 '모든 성인 대축일'과 아즈텍 원주민이 기리던 '선한
귀신의 날'이 결합된 날이랍니다. 10월 31일부터 11월 2일까지 3
일간 열리는 망자의 날 축제에 멕시코인들은 해골 모양의 장식

　　　　　　　　　　　　멕시코는 소스의 천국, 살사! 몰레!

물을 만들고 해골 분장을 하며 죽은 자를 기립니다. 에스파냐의 문화를 받아들이는 것에 머물지 않고 자신들의 문화에 녹여 낸 것이 망자의 날이죠. 가을날 멕시코에서 해골 모양 장식을 보더라도 놀라지 마세요.

 망자의 날
망자의 날에는 설탕이나 초콜릿으로 해골 모형을 만들어
죽은 친지나 친구들의 명복을 빌며, 참푸라도와 같은
전통적인 초콜릿 음료를 마신다.

새콤 매콤한 타코

{재료} 토르티야, 다진 소고기, 후춧가루, 다진 마늘, 양상추, 토마토,
양파, 타코 시즈닝,
다양한 소스(살사 소스, 케첩, 머스터드 소스)

1. 토마토, 양파, 양상추를
채 썰거나 다져서 준비해 주세요.

2. 다진 고기를 볶아 주세요.
Tip 후춧가루를 뿌려 잡내를 없애 주세요.

3. 고기가 어느 정도 익으면 양파와 다진 마늘,
타코 시즈닝을 넣어 주세요.

Tip 고기의 색이 회색빛이 되면 부재료를 넣어 주세요.

4. 토르티야를 프라이팬에 넣고
살짝 익혀 주세요.

5. 토르티야 위에 볶은 고기, 토마토, 양파,
양상추를 올려 주세요.

6. 올려진 재료 위에 나만의 소스를
뿌려 놓아요.

7. 이제 반으로 접어 입 안에 쏙~ 나만의 타코 완성!

11장

빨리!빨리!!

패스트푸드의

나라

미국

프라이드치킨과
바비큐 립이 소울 푸드

미국 사람들은 매일 어떤 음식을 먹을까요? 미국 사람들이 가장 많이 떠올리는 아침 식사는 달걀프라이, 베이컨이나 소시지, 해시 브라운, 팬케이크나 토스트 등이 있어요. 여기에 커피나 우유 혹은 오렌지 주스 등의 음료를 곁들인 식사를 아메리칸 브렉퍼스트(american breakfast)라고 부르죠. 이런 미국식 아침 식사는 사실 영국식 아침 식사와 상당히 유사하답니다. 미국에서는 영국과 비슷한 식사 이외에도 프라이드치킨, 바비큐 립 등 아프리카계 사람들이 발달시킨 음식은 물론이고 피자, 타코, 차오몐 등 다양한 나라의 음식들도 즐겨 먹는답니다. 그런데 왜 미국에서는 이렇게 다양한 음식을 즐겨 먹을까요? 그 이유는 이민자의 나라인 미국의 역사에서 살펴볼 수 있어요.

미국은 오랜 기간 동안 아메리카 원주민들이 삶의 터전으로

🧑 아메리칸 브렉퍼스트
달걀프라이, 베이컨, 해시 브라운, 팬케이크 등으로 구성되어 있다.

삼고 있던 곳이었답니다. 원주민들은 아메리카 대륙에서 칠면조를 잡아먹고 옥수수, 감자, 콩, 호박 등 다양한 작물을 재배하고 있었죠. 그러던 그들의 삶은 1492년 10월 12일 크리스토퍼 콜럼버스가 아메리카 대륙을 발견한 이후로 엄청나게 변화했어요. 아메리카 대륙을 발견한 이후 수많은 유럽인들이 아메리카 대륙으로 들어왔고 그들을 따라 다양한 작물과 가축도 함께 들어왔어요. 밀, 보리, 양파, 당근, 올리브, 오렌지를 비롯해 소, 닭, 돼지 등 아메리카 대륙에는 없던 작물과 가축들이 들어온 것이죠.

아메리카 대륙은 열대, 건조, 온대, 냉대, 한대 기후 등 위도대별로 모든 기후가 나타났기에 지역만 잘 선택한다면 새로 들어온 거의 모든 작물을 재배하거나 가축을 기를 수 있었어요. 유럽인들

콜럼버스의 교환 콜럼버스의 발견으로 대륙과 대륙 사이에 다양한 교환이 이뤄졌다. 식재료는 물론 다양한 질병도 전파되었다. 수두와 장티푸스 등의 영향으로 아메리카 원주민 인구가 약 80퍼센트 줄었다.

에게 아메리카 대륙은 낯선 장소임에는 틀림없었지만 세상의 거의 모든 작물과 가축을 길러 낼 수 있는 축복 같은 땅이었죠.

아메리카 대륙에 처음 깃발을 꽂은 나라는 에스파냐였어요. 하지만 에스파냐가 모든 아메리카를 점령한 것은 아니었어요. 북아메리카는 주로 영국과 프랑스가 점령해 그들의 문화가 널리 퍼졌죠. 음식 문화도 마찬가지로 영국식과 프랑스식 음식 문화의

빨리빨리! 패스트푸드의 나라 미국

영향을 많이 받았죠.

한편 주로 영국과 프랑스 등에 의해 건설된 식민지에 점차 다른 대륙에서 사람들이 들어오기 시작했어요. 대표적으로 아프리카에서 많은 사람들이 노예로 팔려 와 북아메리카의 땅을 밟았죠. 아프리카에서 끌려 온 노예들은 미국 남부 지방으로 팔려 와 사탕수수, 목화 등을 재배했어요. 당시 노예들의 삶은 몹시 열악했는데 주인들이 남긴 음식이나 먹지 않은 음식을 먹으며 삶을 이어 나갔답니다. 그들의 애환이 담긴 음식들은 오늘날까지 이어져 내려오는데 이를 소울 푸드(soul food)라고 불러요.

소울 푸드 중에 대표적인 것으로는 프라이드치킨과 바비큐 립이 있답니다. 프라이드치킨은 닭의 목 부위나 날개 부위처럼 살이 없어 버려진 부위를 노예들이 기름에 튀겨 먹던 음식이죠. 향신료를 넣고 기름에 튀겨 낸 닭은 무더운 남부 지방에서 비교적 오랫동안 보관이 가능했고 그 맛도 좋아 점차 여러 사람들에게 널리 퍼졌답니다.

또 다른 소울 푸드인 바비큐는 주로 돼지고기를 통째로 불에 구운 음식으로 노예들이 야외에서 오랫동안 고기를 굽던 것을 그 시작으로 보고 있어요. 과거 미국에서는 숲에 돼지를 방목했는데 식량이 부족하거나 공동 작업을 할 때 돼지를 잡았죠. 그리고 야외에서 장작 및 숯 등을 넣은 구덩이에 돼지를 통째로 넣고 구워 냈답니다. 거의 반나절에 걸쳐 구워진 돼지고기의 살코

바비큐 립

바비큐는 노예들이 야외에서 돼지고기를 통째로 불에 구운 음식이다.

돼지고기의 살코기는 주인의 몫이고, 먹기 불편한 뼈 주변은 노예들의 차지였다.

오늘날 바비큐는 미국 독립 기념일을 비롯해 공식 행사가 있을 때

빠지지 않고 나오는 음식이지만 그 안에는 아프리카 노예의 슬픈 역사가 담겨 있다.

기는 주인의 몫이었고, 먹기 불편한 뼈 주변이나 턱살 같은 부위들은 노예들의 차지였죠. 오늘날 바비큐 립은 남녀노소 누구나 즐겨 먹는 음식이지만 그 안에는 아프리카에서 끌려 온 노예들의 애환이 담겨 있답니다.

한편 미국에는 아프리카 외에도 다양한 지역에서 수많은 이주민들이 들어왔어요. 서부 개척 시기에는 대륙 횡단 철도 건설을 위해 중국인들이 물밀 듯 들어왔죠. 그들은 미국에 국수 같은 중국 음식 문화를 퍼트렸답니다. 이외에도 독일, 아일랜드, 이탈리아, 그리스, 헝가리, 폴란드 등 유럽 각지에서 일자리를 찾아 이민자가 홍수처럼 몰려들었어요. 그 결과 유럽 이민자들의 음식인 피자, 파스타, 베이글 등의 음식이 미국에 퍼졌답니다. 오늘날에는 멕시코를 비롯한 라틴 아메리카 이민자들이 크게 늘어난 덕분에 멕시칸 음식이 각광받고 있답니다.

이처럼 미국에서는 각기 다른 나라에서 들어온 이민자들의 전통 음식이 나름대로 유지되고 있어요. 그와 동시에 서로 다른 문화와 접목해 미국만의 독특한 음식 문화가 만들어지기도 해요. 이러한 영향으로 미국에서는 샐러드 그릇에 담긴 다양한 재료가 각기 맛을 내는 것 같으면서도, 용광로에 녹아 하나처럼 보이는 독특한 미국만의 음식 문화를 엿볼 수 있답니다.

옥수수만 먹어 댄 소, 각종 병에 걸려

미국을 상징하는 음식으로는 옥수수를 빼놓을 수 없답니다. 옥수수에 버터를 발라 구운 버터구이 옥수수, 옥수수 반죽을 구워 낸 콘플레이크, 옥수수를 튀겨 낸 팝콘 등은 미국의 대표 음식들이죠. 실제로 미국은 전 세계에서 옥수수를 가장 많이 재배하는 국가예요. 미국의 옥수수 재배 면적은 일본 전체 국토 면적과 비슷할 정도로 어마어마하죠.

그런데 미국의 옥수수 소비에는 조금 이상한 점이 있어요. 바로 미국은 옥수수를 가장 많이 소비하는 국가지만 정작 미국 사람들은 옥수수를 많이 먹지는 않는다는 거예요. 오늘날 미국인 한 명당 옥수수를 먹는 양은 전 세계를 기준으로 약 80위 정도랍니다. 심지어 우리나라 국민 한 명당 먹는 옥수수의 양보다 더 적어요. 참 이상하고 알쏭달쏭하죠? 그 이유는 미국의 옥수수 재배 역사를 살펴보면 비교적 쉽게 이해할 수 있어요.

1620년 11월, 아메리카 대륙에 배 한 척이 닻을 내렸어요. 배의 이름은 메이플라워호로 종교의 자유와 희망을 찾아 영국을 떠난 청교도들을 태운 배였죠. 하지만 아메리카 대륙은 그들에게 희망 대신 혹독한 시련을 안겨 주었어요. 오랜 여정으로 지친 사람들에게 엄청난 한파가 들이닥쳐 많은 사람들이 죽어 나갔죠.

더군다나 유럽에서 가져온 밀과 보리의 씨앗은 생소한 아메리카에서 잘 자라지 않았어요. 이렇게 절망만 가득한 상황 속에서 그나마 위안을 주었던 것이 있었죠. 그것은 바로 아메리카 원주민이 청교도들에게 전해 준 옥수수였답니다. 옥수수는 척박한 땅에서도 잘 자라고 기후에도 잘 적응해 생산량도 많았죠. 청교도들은 옥수수를 재배하며 낯선 땅에 차츰 적응해 나가기 시작했어요.

옥수수는 청교도들 다음에 미국으로 이민 온 수많은 사람들에게도 금세 전파됐죠. 이민자들은 자연스럽게 옥수수를 재배해 허기를 극복하고 아메리카 대륙에 정착해 나갔답니다. 그리고 아메리카 전역으로 그들의 영역을 확대해 나가면서 아메리카 원주민들을 내쫓기 시작했어요. 유럽계 이주민들은 아메리카 원주민들을 총과 칼로 위협하고 그들의 생계 수단인 아메리카들소를

 팝콘

옥수수를 튀겨 낸 팝콘은 기원전부터 아메리카 대륙의 원주민들이 먹었던 음식이다. 19세기에 미국에서 팝콘 기계가 발명되면서 팝콘은 값싸고 맛 좋은 대중 음식으로 자리매김한다.

무분별하게 사냥하기 시작했죠. 결국 아메리카 원주민과 들소는 명맥만 유지할 정도로 남겨졌고 미국 중부의 초원은 유럽인들의 차지가 되었답니다.

　유럽계 이주민이 원주민을 내쫓고 차지한 드넓은 초원에는 수만 년간 아메리카들소와 풀 사이의 공생으로 형성된 비옥한 흑색토가 아주 깊게 쌓여 있었어요. 유럽계 이주민들은 그 땅에

 아메리카들소

아메리카 원주민들은 필요할 때마다 최소한의 아메리카들소를 사냥해 고기를 비롯해 가죽과 털을 얻어 냈다. 아메리카 대륙에서 원주민과 아메리카들소는 서로 공생의 관계를 유지하고 있었다.

206

유럽에서 데려온 온순한 소를 키우거나 옥수수와 밀을 길렀답니다. 그 결과 미국 중앙 대평원은 미국 전역에 옥수수, 밀, 소고기를 제공해 주는 거대한 식량 창고가 되었어요. 하지만 미국 사람들은 여기에 만족하지 않았죠. 옥수수를 끊임없이 개량해 생산량을 높였답니다. 곧이어 옥수수가 넘쳐 났고 옥수수 가격은 크게 떨어졌어요. 가격이 낮아진 옥수수는 소, 돼지, 닭 등을 사육하는 농장에 사료로 팔려 나갔죠. 오늘날 미국에서 옥수수는 사료용으로 소비하는 비중이 약 40퍼센트 정도로 식량으로 사용되는 양보다 훨씬 많답니다. 미국은 그 과정에서 세계 최대의 소고기 생산국이자 소비국이 되었답니다. 결국 옥수수를 직접 먹기보다는 옥수수 사료로 키워 낸 소를 육류로 소비하는 문화가 퍼진 것이죠.

그런데 사실 소는 풀을 주로 먹는 초식 동물로 옥수수 알곡을 주로 먹는 동물은 아니에요. 어린 송아지에게 무작정 옥수수를 먹이면 송아지는 금세 죽어 버린답니다. 이 때문에 미국에서는 송아지에게 어미젖과 건초를 먹여요. 하지만 어느 정도 커서 옥수수만 먹여도 견뎌 낼 수 있는 시기가 되면 축사에 가둬 두고 옥수수를 먹여요. 다만 그 시간은 약 150일 정도랍니다. 옥수수만 먹어 댄 소들은 금세 살이 찌지만 시간이 지날수록 병에 걸려 결국 죽어 버리기 때문이죠.

예를 들어 옥수수만 먹인 소는 트림을 제대로 하지 못해 점차 위가 상한답니다. 특히 열악한 사육 시설에서 면역 체계가 약해진 소들은 각종 병에 걸려 죽어 버리고 말죠. 그래서 최대 150일 정도 옥수수 사료를 먹여 소들이 충분히 커지면 소들은 현대식 도축장에서 삶을 마감해요. 옥수수 사료로 길러진 살찐 소는 공장식 컨베이어에 매달려 부위별로 잘려 미국은 물론 세계 여러 나라의 식탁 위로 올라가고 있답니다.

한편 미국에서 생산된 옥수수는 사료용 이외에도 다양한 용도로 사용되고 있어요. 그중 대표적인 것이 액상 과당(=고과당 옥

미국의 대형 마트 공장에서 만들어진 액상 과당 첨가 식품들이 대형 마트를 가득 채우고 있다.

빨리빨리! 패스트푸드의 나라 미국

수수 시럽)이랍니다. 설탕과 비슷한 단맛을 내는 액상 과당은 설탕보다 저렴해 오늘날 다양한 식품에 사용되고 있어요. 액상 과당은 콜라, 아이스크림, 사탕 등 단맛이 나는 음식은 기본이고 빵, 요구르트, 수프 등에 이르기까지 광범위하게 들어간답니다. 미국 사람들이 옥수수 그 자체를 먹는 양은 적을 수 있지만 오늘날 미국 사람들의 입 안으로는 옥수수 사료로 키워진 소를 이용한 소고기 요리와 옥수수 시럽으로 만들어진 다양한 음식이 들어가고 있어요. 미국 사람들은 그야말로 매일 옥수수를 먹고 있는 셈이죠.

1분 걸리는 햄버거가 넘 맛있어?

전 세계 120여 개국에서 하루 약 6천만 명의 사람들이 찾는, 미국에 본사를 둔 햄버거 가게의 이름은 무엇일까요? 정답은 바로 맥도날드랍니다. 맥도날드는 미국을 대표하는 음식점으로 많은 미국 사람들은 물론 세계 여러 나라 사람들도 즐겨 찾아요. 맥도날드를 세계 사람들이 즐겨 찾는 이유는 주문 확인부터 햄버거를 완성해 제공하는 데까지 약 1분밖에 걸리지 않는다는 점과 어디서나 비교적 동일한 맛을 낸다는 점 때문일 거예요. 일정한 맛이 보장된 음식이 신속하게 제공되는 맥도날드는 바쁜 현대인들에게 매력 만점이었답니다.

미국에는 맥도날드 햄버거처럼 주문하면 즉시 완성되어 소비자에게 제공되는 패스트푸드가 상당히 발달했어요. KFC, 타코벨, 피자헛, 도미노 피자, 던킨 도너츠 등 우리에게 상당히 익숙한 기업들이 모두 패스트푸드 기업이랍니다. 사실 모든 햄버거나 피자 등을 패스트푸드라고 부르기는 어려워요. 질 좋은 고기를 갈아 갓 만든 햄버거용 패티와 신선한 야채를 곁들인 수제 햄버거나 엄선된 재료에 질 좋은 치즈를 올려놓고 화덕에서 구워 낸 피자 등은 음식이 완성될 때까지 걸리는 시간이 비교적 길기 때문에 패스트푸드라기보다 슬로푸드에 가깝죠. 하지만 맥도날드 같은 패스트푸드 음식점의 시스템은 이와는 달라요. 음식에 사용되는 대부분의 재료는 공장에서 이미 만들어진 냉동 패티나 가공 치즈랍니다. 자연이 아닌 공장에서 들여온 각종 재료를 이용한 음식이죠.

미국에서 이런 패스트푸드 음식이 발달한 것은 1950년대 이후부터예요. 2차 세계 대전 이후 미국은 강력한 국력을 바탕으로 세계의 패권 국가로 군림하기 시작했죠. 세계의 경제 질서는 미국의 자본주의 시스템 위주로 돌아갔고 미국의 경제 규모는 엄청나게 커졌답니다. 여기에 덧붙여 도시의 발달, 여성들의 사회 진출이 증가하면서 외식 산업은 그야말로 호황을 누렸어요. 이전

210

까지 외식을 사치로 여겼던 사람들은 점차 가정이 아닌 식당에서 간편하게 음식을 즐기기 시작한 것이죠. 이러한 영향으로 미국 내의 음식 소비량은 크게 증가했어요. 그런데 미국 사람들은

하와이의 맥도날드
동양인이 많은 하와이에서는 아침에 밥과 소시지를 패스트푸드로 제공한다. 맥도날드는 세계화 시대에 현지화 전략을 동시에 사용하고 있다.

식량 부족에 대한 걱정이 전혀 없었어요. 이미 미국 내에서는 이를 해결할 수 있는 식량 체계가 갖춰졌기 때문이죠. 기계를 이용해 밀과 옥수수 등을 대량으로 수확해 냈고 유전자 조작 기술을 발달시켜 음식 조리에 필요한 기름을 생산해 냈어요. 또 소, 돼지, 닭에게 곡물 사료를 먹여 급속하게 키워 내 안정적으로 고기를 얻어 냈답니다. 이렇게 생산된 식품들은 발달된 교통망과 냉장 기술 덕분으로 도시에 신속하면서도 신선한 상태로 공급됐죠.

다양한 식재료가 안정적으로 도시에 공급되기 시작하면서

패스트푸드의 저주

패스트푸드는 열량이 높아 자주 먹으면 비만해지기 쉽다. 패스트푸드를 즐겨 먹고 음식 소비량이 많은 미국의 비만 인구 비율은 세계 1위이다.

빨리빨리! 패스트푸드의 나라 미국

이를 이용한 다양한 시도가 나타났는데 그중 대표적인 것이 패스트푸드랍니다. 패스트푸드 음식점은 철저한 분업화로 다양한 식재료를 결합하기 시작했어요. 예를 들어 햄버거를 만들 때 냉동 패티만 굽는 사람, 패티를 빵 사이에 넣는 사람, 계산하는 사람을 각각 분업화했어요. 그 결과 햄버거는 이전보다 더 빨리 제공되었고 그 가격도 더 저렴해졌답니다. 바쁜 미국 사람들이 이에 열광한 것은 당연한 일이겠죠. 이런 패스트푸드 시스템은 햄버거를 비롯해 치킨, 도넛 등 다양한 식품에 도입됐고 미국에는 패스트푸드 음식이 넘쳐 나게 되었답니다.

한편 햄버거와 같은 패스트푸드가 건강에 문제를 일으킨다는 지적이 나오기 시작하면서 오늘날 미국의 패스트푸드 음식점에서 점차 변화가 일고 있어요. 웰빙 열풍으로 매출이 감소하자 유기농 재료나 요구르트, 샐러드 등의 메뉴를 추가하고 있답니다. 철저히 수익을 찾아 움직이는 미국의 패스트푸드 음식점은 앞으로 얼마나 더 변화될까요?

사진 출처

120쪽 얌 무어 ⓒTakeaway/Wikimedia Commons
    똠 얌 꿍 ⓒTakeaway/Wikimedia Commons
131쪽 자이나교 ⓒAnupriya19/Wikimedia Commons
133쪽 파니르 버거 ⓒDivya Thakur/flickr
    마타르 파니르 ⓒSonja Pauen/Wikimedia Commons
137쪽 인도의 다양한 향신료 ⓒJoe mon bkk/wikipedia
139쪽 탈리 ⓒMarco Verch/flickr
140쪽 영국의 치킨 티카 마살라 ⓒnwflightdesign/flickr
    일본의 소고기 카레라이스 ⓒOcdp/Wikimedia Commons
148쪽 밀 재배 지역 ⓒAndrewMT/Wikimedia Commons
152쪽 카이펑 야시장 ⓒKevin Poh/flickr
153쪽 카이펑 야경 ⓒkevinmcgill/Wikimedia Commons
156쪽 황허강 ⓒkevinmcgill/Wikimedia Commons
167쪽 후나즈시 Yasuo Kida ⓒflickr
172쪽 일본의 라멘 박물관 Tony Ng/ ⓒpanoramio
174쪽 돈코츠 라멘 ⓒFabian Reus/flickr
182쪽 옥수수 재배 ⓒThe Digital Edition of the Florentine Codex/Wikimedia Commons
184쪽 토르티야 ⓒEli Duke/flickr
185쪽 타코 ⓒLarry Miller/Wikimedia Commons
187쪽 토마토와 고추 ⓒpeakpx.com
188쪽 피코 데 가요 ⓒjeffreyw/flickr
    살사 베르데 ⓒWarren Layton/flickr
    살사 로하 ⓒgoblinbox/Wikimedia Commons
190쪽 몰레 ⓒThelmadatter/Wikimedia Commons
192쪽 레촌 ⓒBrendan Lee/flickr
    세비체 ⓒleyla.a/flickr
208쪽 미국의 대형 마트 ⓒMichael (a.k.a. moik) McCullough/flickr

나의 한 글자 03 밥

먹고 마시고 요리하라

초판 1쇄 발행 2019년 11월 5일
초판 4쇄 발행 2023년 4월 5일

지은이 강재호
그린이 이혜원
펴낸이 이수미
편집 이해선, 김연희
북 디자인 신병근
마케팅 김영란, 임수진

종이 세종페이퍼 인쇄 두성피엔엘 유통 신영북스

펴낸곳 나무를 심는 사람들
출판신고 2013년 1월 7일 제2013-000004호
주소 서울시 용산구 서빙고로 35. 103동 804호
전화 02-3141-2233 팩스 02-3141-2257
이메일 nasimsabooks@naver.com
블로그 blog.naver.com/nasimsabooks
인스타그램 instargram.com/nasimsabook

ⓒ 강재호, 2019
ISBN 979-11-90275-07-1 44980
    979-11-86361-59-7(세트)